JN109662

わかりやすい！

乙種
1・2・3・5・6類
危険物

取扱者試験

工藤 政孝　編著

弘文社

まえがき

　乙種危険物取扱者試験には，第1類から第6類までありますが，本書はその中でも受験者が圧倒的に多い第4類危険物取扱者の資格をすでに取得されている方を対象にしています。

　従って，受験科目から免除される「法令」と「物理及び化学」は省略してあります（第4類危険物取扱者の資格をお持ちでない方で他の類から受けようとする方は，本書の姉妹編である，「わかりやすい第4類危険物試験（弘文社刊）」などを利用するなどして，「法令」と「物理及び化学」を学習してください）。

　つまり，「危険物の性質」のみのテキストです。

　その主な特徴は次のようになっています。

1．本文および問題には，その重要度に応じて，👓特急★★，👓急行★を表示し，一目でその重要度が把握できるように，配慮してあります。

2．各類とも，**共通する性状，共通する貯蔵及び取扱い方法，共通する消火方法**を冒頭に表示してありますが，それとは別に，**「各類のまとめ」**を最後に入れてあります。従って，両者を効率よく利用することによって，より，その類の危険物を幅広く把握することが可能になるものと思っております。

3．資格試験には暗記が付き物ですが，その暗記すべき事項をできるだけ効率よく覚えられるようにと，本書では**「こうして覚えよう！」**と題してゴロ合わせにできるものは出来るだけゴロ合わせにしました。

　　従って，暗記力のパワーアップをはかりたい方にとっては，最適なアイテムになれるものと思っております。

4．「わかりやすい甲種危険物取扱者試験」同様，問題に関しては，最新の本試験の傾向に沿った，**より実戦的な問題**を数多く取り入れてあります。

　　従って，本書で試験に必要な知識をインプットし，問題をすべて解けば，本試験に十二分に対応できるだけの素地は出来上がるものと確信しております。

　以上のような特徴によって本書は構成されておりますので，より効率よく，**短期に**受験者を合格圏内に導いてくれるものと確信しております。

　最後になりましたが，一人でも多くの方が乙種危険物取扱者の資格を取得できるよう，紙面の上からではありますが，お祈り申しあげております。

contents

第1編　危険物の類ごとの性状

第1章　各類の危険物の概要

第2編　各類ごとの性状

第1章　第1類の危険物

問題と解説 （第1類：各危険物の特性）

第2章　第2類の危険物

❶ 第2類の危険物に共通する特性

問題と解説 （第2類：共通する特性）

❷ 第2類に属する各危険物の特性

問題と解説 （第2類：各危険物の特性）

第3章　第3類の危険物

第3編 模擬テスト

本書の使い方

 ## 1. 問題について

　前書きでも紹介しましたが，本書の練習問題には，**より実戦的な問題**を豊富に取り揃えてあります。その中でも，重要度のより高いものには**特急マーク**か，あるいは**急行マーク**を表示してあります。

　特急マーク　 *特急* ★ は「より重要」，**急行マーク** *急行* ★ は「重要」な問題である，と解釈してください。

　従って，時間的に余裕がない方は，このマークの表示がある問題のみを先に解いていき，余裕ができたのちにその他の問題を解く，という具合に進めていけば，限られた時間を有効に使うことができます。

 ## 2. 二段組について

　本書は基本的に二段組，つまり，本文とはべつに余白を設けてあります（ただし，問題部分は除く）。

　この余白部分には，本文の内容を補足するため，所々に「先生」　　　　のキャラクターによる付け足し説明を載せてあります。

　また，やや複雑な感のある本文の内容については，その内容を簡潔にまとめたものを記してあります。

　これらを有効に利用して，より内容を深める道具として活用してください。

 ## 3. 博士について

　本文には，2の「先生」キャラクターのほか，この博士　　　も登場します。

　この博士も，本文の内容を補足する役目を負って登場を願っているのですが，2の「先生」に比べて，より長い説明が必要な場合や，重要度の高いものについて補足する場合に登場してもらっています。

　従って，この博士の説明を，内容をより理解する手立てとして有効に活用されればよいかと思います。

受験案内

(1) 試験科目，問題数及び試験時間数等は次のとおりです。

種類	試 験 科 目	開題数	合計	試験時間数
甲種	① 危険物に関する法令（法令）	15問	45問	2時間30分
	② 物理学及び化学（物化）	10問		
	③ 危険物の性質並びにその火災予防及び消火の方法（性消）	20問		
乙種	① 危険物に関する法令（法令）	15問	35問	2時間00分（試験科目免除の場合は35分）
	② 基礎的な物理学及び基礎的な化学（物化） （イ）危険物の取扱作業に関する保安に必要な基礎的な物理学 （ロ）危険物の取扱作業に関する保安に必要な基礎的な化学 （ハ）燃焼及び消火に関する基礎的な理論	10問		
	③ 危険物の性質並びにその火災予防及び消火の方法（性消） （イ）すべての種類の危険物の性質に関する基礎的な概論 （ロ）第1類から第6類までのうち受験に係る類の危険物に共通する特性 （ハ）第1類から第6類までのうち受験に係る類の危険物に共通する火災予防及び消火の方法 （ニ）受験に係る類の危険物の品名ごとの一般性質 （ホ）受験に係る類の危険物の品名ごとの火災予防及び消火の方法	10問		
丙種	① 危険物に関する法令（法令）	10問	25問	1時間15分
	② 燃焼及び消火に関する基礎知識（燃消）	5問		
	③ 危険物の性質並びにその火災予防及び消火の方法（性消）	10問		

⑵ 試験科目の一部免除の場合の試験時間

	必 要 条 件	免除される科目	科目免除後の試験時間
乙種受験者	① 既に１種類以上の乙種危険物取扱者免状の交付を受けている者で他の種類の乙種危険物取扱者試験を受ける者	乙種試験科目のうち①及び②	試験開始後35分間
	② 第１類又は第５類の危険物に係る乙種危険物取扱者試験を受ける者であって，火薬類取締法（昭和25年法律第149号）第31条第１項の規定による甲種，乙種若しくは丙種火薬類製造保安責任者免状又は同条第２項の規定による甲種若しくは乙種火薬類取扱保安責任者免状を有する者で科目の一部免除の申請をした者	乙種試験科目のうち②の(イ)及び(ロ)③の(ロ)及び(ニ)	試験開始後90分間
	①② どちらも免状を有し科目免除を受けようとする者	乙種試験科目のうち①及び②③の(ロ)及び(ニ)	試験開始後35分間

⑶ 複数種類の受験

　試験日又は試験時間帯が異なる場合は併願受験が可能な場合があります。詳しくは受験案内を参照してください。

⑷ 試験の方法

　甲種及び乙種の試験については**五肢択一式**，丙種の試験については四肢択一式の筆記試験（共にマークシートを使用）で行います。

⑸ 合 格 基 準

　甲種，乙種及び丙種危険物取扱者試験ともに，試験科目ごとの成績が，それぞれ60％以上であること。（乙種，丙種で試験科目の免除を受けた者については，その科目を除く）。

　つまり，「法令」で９問以上，「物理・化学」で６問以上，「危険物の性質」

で12問以上（乙種の場合6問以上）を正解する必要があるわけです。この場合，例えば法令で10問正解しても，「物理・化学」が5問以下であったり，あるいは，「危険物の性質」が11問以下（同5問以下）の正解しかなければ不合格となるので，3科目ともまんべんなく学習する必要があります。

⑹ 受験願書の取得方法

各消防署で入手するか，または

（一財）消防試験研究センターの中央試験センター

（〒151−0072　東京都渋谷区幡ヶ谷1−13−20

TEL 03−3460−7798）か各支部へ請求してください。

⑺ 受験資格

乙種，丙種には受験資格は特にありません。

（甲種の受験資格については省略しますが，次の4種類の乙種危険物に合格すれば甲種の受験資格を得ることができます。●第1類又は第6類　●第2類又は第4類　●第3類　●第5類）

⑻ 受験申請に必要な書類等

一般的に，試験日の1か月半くらい前に受験申請期間（1週間くらい）があり，その際には，次のものが必要になります。

① 受験願書

② 試験手数料（甲種6,600円，**乙種4,600円**，丙種3,700円）

所定の郵便局払込用紙により，ゆうちょ銀行または郵便局の窓口で直接払い込み，その払込用紙のうち，「郵便振替払込受付証明書・受験願書添付用」とあるものを受験願書のB面表の所定の欄に貼り付ける。

③ 既得危険物取扱者免状

危険物取扱者免状を既に有している者は，科目免除の有無にかかわらず，免状の写し（表・裏ともコピーしたもの）を願書B面裏に貼り付ける。インターネットによる電子申請は一般財団法人消防試験研究センターのホームページを参照して下さい。http : //www.shoubo-shiken.or.jp/

⑼ 試験科目の免除

他の乙種危険物取扱者免状を有する方は，「法令」と「物理・化学」の全てを免除して受験することができます。従って，「危険物の性質」の10問のみ受

験すればよいことになります。

　また，火薬類免状を有する方で第1類か第5類を受験する方は，「物理・化学」の一部，「危険物の性質」の一部の免除を受けることができます。

⑽　複数種類の受験

　試験時間帯が重ならない同一試験会場での2種類または3種類受験も可能です。

　また，同一試験時間帯でも，乙種危険物取扱者免状（乙種4類は除く）を受けている者に限り，他の乙種試験を3種類まで同時に受験することができます（詳細は受験案内を参照してください）。

⑾　その他，注意事項

　①　試験当日は，受験票（3.5×4.5cmのパスポートサイズの写真を貼る必要がある），黒鉛筆（HB又はB）及び消しゴムを持参すること。

　②　試験会場での電卓，計算尺，定規及び携帯電話その他の機器の使用は禁止されています。

　③　自動車（二輪車・自転車を含む）での試験会場への来場は，一般的に禁止されているので，試験場への交通機関を確認しておく必要があります。

注意！！
受験案内は，変更される事がありますの
で各自，必ず早めの確認を行って下さい。

⑿　受験一口メモ

　①　受験前日

　　これは当たり前のことかもしれませんが，当日持っていくものをきちんとチェックして，前日には確実に揃えておきます。特に，**受験票**を忘れる人がたまに見られるので，筆記用具とともに再確認して準備しておきます。

　　なお，解答カードには，「必ずHB，又はBの鉛筆を使用して下さい」と指定されているので，HB，又はBの鉛筆を2〜3本と，できれば予備として濃い目のシャーペンを予備として準備しておくとよいでしょう（100円ショップなどで売られている芯が重なったロケット鉛筆があれば重宝するでしょう）。

② 集合時間について

　　たとえば，試験が10時開始だったら，集合はその30分前の９時30分となります。試験には精神的な要素も多分に加味されるので，遅刻して余裕のない状態で受けるより，余裕をもって会場に到着し，落ち着いた状態で受験に臨む方が，よりベストといえるでしょう。

③ 試験開始に臨んで

　　試験会場にいくと，たいてい直前まで参考書などを開いて暗記事項を確認したりしているのが一般的に見られる光景です。

　　あまりおすすめできませんが，仮にそうして直前に暗記したものや，または暗記があやふやなものは，試験が始まれば，問題用紙にすぐに書き込んでおくと安心です（問題用紙にはいくら書き込んでもかまわない）。

④ 途中退出

　　試験開始後35分経過すると，途中退出が認められます。

　　受験する類が１つのみで科目免除を受ける場合は，試験時間が35分なので，退出しなければなりませんが，２つの場合は70分となるので，まだ全問解答していないと，人によっては "アセリ" がでるかもしれません。しかし，ここはひとつ冷静になって，「試験時間は十分にあるんだ」と言い聞かせながら，マイペースを貫いてください。実際，70分もあれば，１問あたり５分半くらいで解答すればよく，すぐに解答できる問題もあることを考えれば，十分すぎるくらいの時間があるので，アセル必要はない，というわけです。

　なお，余談ですが，会場となる施設（一般的には学校関係が多い）までは，公共機関を利用するのが一般的だと思いますが，その際，往復の切符を購入するか，あるいは，到着と同時に帰りの切符を購入しておくことをおすすめしておきます（帰りは，たいてい切符の販売機の前に長い行列ができるので）。

合格大作戦

ここでは，できるだけ早く合格ラインに到達するための，いくつかのヒントを紹介しておきます。

1. トラの巻をつくろう！

類によっても異なりますが，決して少ないとはいえない数の危険物の性状等を暗記するというのは，なかなか大変な作業です。

そこで，本書では各類の最後に「まとめ」を設けて，知識の整理が行えるようにしてあるのですが，それらのほかに，自分自身の「まとめ」，つまり，**トラの巻**をつくると，より学習効果があがります。

たとえば，液体の色が同じものをまとめたり，あるいは，名前が似ていてまぎらわしいものをメモしたり……などという具合です。

また，本書には数多くの問題が掲載されていますが，それらの問題を何回も解いていくと，**いつも間違える苦手な箇所**が最後には残ってくるはずです。

その部分を面倒臭がらずにノートにまとめておくと，知識が整理されるとともに，受験直前の知識の再確認などに利用できるので，特に暗記が苦手な方にはおすすめです。

2. 問題は最低3回は繰り返そう！

その問題ですが，**問題は何回も解くことによって自分の"身に付きます"**。

従って，最低3回は繰り返したいところですが，その際，問題を3ランクくらいに分けておくと，あとあと都合がよくなります。

たとえば，問題番号の横に，「まったくわからずに間違った問題」には×印，「半分位解けていたが結果的に間違った問題」には△印，「一応，正解にはなったが，知識がまだあやふやな感がある問題」には○印，というように，印を付けておくと，2回目以降に解く際に問題の（自分にとっての）難易度がわかり，時間調整をする際に助かります。

つまり，時間があまり残っていない，というような時には，×印の問題のみをやり，また，それよりは少し時間がある，というような時には，×印に加えて△印の問題もやる，というような具合です。

3．マーカーを効率よく利用しよう

　たとえば，テキストの内容を思い出そうとする時，「そういえば，あれは〇〇ページのあの部分に書かれてあったなぁ」などと思い出すことはないでしょうか？　そうです。一般に，何かを思い出そうとするときは，**視覚を手がかりにする**ことがよくあるのです。

　従って，その手がかりとなる視覚をさらに強烈に刺激してやることによって，より思い出せるようにしてやるのです。

　マーカーは，その思い出そうとするときの手がかりをパワーアップしてくれる有効なアイテムとなるのです。

　その際，ポイント部分にマーキングだけではなく，たとえば，ページの上にあるタイトルや，表，あるいはゴロ合わせの部分などに赤や青などのマーキングをしておけば，そのページを思い出す有効な手がかりとなるのです。

　そして，その際，マーキングが鮮明なほど思い出せる確率がグッと高くなるので，できればよく目立つ色（金，銀，赤，青，緑，茶など）のみを使って，これは！と思う所のみにマーキングをしておけば，より思い出せる確率が高くなります。

 ## 4．場所を変えてみよう

　場所を変えるのは，気分転換の効果をねらってのことです。

　これは，短期合格を目指す際には有効となる方法です。

　たとえば，第1類を受験するのであれば，1時間自室で「塩素酸塩類」を学習したあと，自転車で30分移動して公園のベンチで「亜塩素酸塩類」を1時間やり，そこから再び30分移動して図書館で「過マンガン酸塩類」を1時間やる，という具合です。

　こうすると，自転車で移動している間に大脳の疲労が回復し，かつ，場所を変えることによる気分転換も加わるので，学習効率が上がる，というわけです。

　以上，受験学習の上でのヒントになると思われるポイントをいくつか紹介しましたが，このなかで自分に向いている，と思われたヒントがあれば，積極的に活用して効率的に学習をすすめていってください。

第1編

危険物の類ごとの性状

全ての類の受験者の必須項目です！

　ここで，ある読者の方からの感想を紹介しておこう。

　「甲種受験を念頭に置いておかれる方は，一番試験範囲の少ない乙種1類と乙種2類を残しておくと（受験しないでおくと），いざ甲種受験で学習する際，覚える項目が少なくて済むので（覚えることが多い1，2類以外はすでに学習しているので）助かりました」ということじゃ。

　甲種を受ける人は，参考にしてほしい。

第1章　各類の危険物の概要

 学習のポイント

　まず，全体のポイントを説明すると，次のようになります。

　「危険物の性質並びにその火災予防及び消火の方法」では，問題26から問題35までの10問出題されます。

　そのうち，この第1章の「各類に共通する性状の問題」が1問出題されるので，あとは9問ということになります。

　その9問のうち，「各類の性状」，「各類の貯蔵，取扱い方法および火災予防上の注意事項」「各類の消火方法」に関する問題が，一般的に各1問ずつ出題されているので，残りは6問ということになります（そうでないケースもあるので，念のため）。

　その6問のなかに，「各類に属する個々の危険物に関する問題」が出題されるのが一般的なパターンとなっています。

　さて，本章の「類ごとの性状」についてですが，たいてい各類の問題の一番最初に出題されています。

　そのポイントですが，まず，**可燃性であるか不燃性であるか**という性状に関しては，確実に把握しておく必要があります（⇒1類と6類が不燃性）。

　次に，**比重は1より大きいか，あるいは小さいか**という点についてもよく出題されています。

　また，**禁水性**，**自然発火性**というのも必ずといっていいくらい出てくる"常連"で，イコール**第3類危険物**である，という具合に，これも確実に把握しておく必要があります。

　その他，**第5類危険物**も非常に特徴的な危険物で，「酸素を含んでいる物質で他から酸素の供給がなくても燃焼する物質である」，という特徴をよく把握しておく必要があります。

各類の危険物の概要

　危険物は，その性質によって第1類から第6類まで分類されており，その主な性質は次の表のようになっています。（比重欄の「大」は「1より大きい」を表す）

	性質	状態	燃焼性	主な性質	比重
第1類	酸化性固体（火薬など）	固体	不燃性	① そのもの自体は燃えないが，**酸素**を多量に含んでいて，**他の物質を酸化させる**性質がある。 ② **可燃物と混合**すると，加熱，衝撃，摩擦などにより，（その酸素を放出して）**爆発**する危険性がある。	大
第2類	可燃性固体（マッチなど）	固体	可燃性	① **着火**，または**引火**しやすい。 ② 燃焼が**速く**，消火が困難。	大
第3類	自然発火性および禁水性物質（発煙剤など）	液体または固体	可燃性（一部不燃性）	① 自然発火性物質⇒空気にさらされると**自然発火**する危険性があるもの。 ② 禁水性物質⇒水に触れると**発火**，または**可燃性ガスを発生**するもの。	（物質による）
第4類	引火性液体	液体	可燃性	引火性のある液体	
第5類	自己反応性物質（爆薬など）	液体または固体	可燃性	**酸素を含み**，加熱や衝撃などで**自己反応**を起こすと，発熱または爆発的に燃焼する。	大
第6類	酸化性液体（ロケット燃料など）	液体	不燃性	① そのもの自体は燃えないが，**酸化力が強い**ので，混在する他の可燃物の燃焼を促進させる。 ② 多くは**腐食性**があり，**皮膚**をおかす。	大

　危険物は第1類から第6類まで分類されているんじゃ。まずは，その各類の主な性質を把握することが大切じゃよ。実際に貯蔵及び取り扱われている危険物は，その大部分が第4類危険物じゃが，類ごとに共通する性状の問題ではそのような実情に関係なく各類"平等"に扱われているので，まずはその類の危険物が持つイメージを把握することが大切じゃ。

こうして覚えよう！

① 各類の性質

（危険物の分類をしていた）

さいこうの過　去の　時　期，事故　さ　え　無かった

酸化性 固体	可燃性 固体	自然 禁水性	自己	酸化性 液体	
1類	2類	3類	5類	6類	

1類⇒酸化性固体
2類⇒可燃性固体
3類⇒自然発火性および禁水性物質
4類⇒引火性液体
5類⇒自己反応性物質
6類⇒酸化性液体

② 各類の状態

　　固体のみは1類と2類，
　　液体のみは4類と6類

⇒（危険物の本を読んでいたら）

固いひと　に
固体　1類　2類

駅で　無　視された
液体　6類　4類

③ 不燃性のもの

燃えない　イチ　ロー
　　　　　　1類　6類

⇒　不燃性は1類と6類

各類の危険物の概要に関する問題と解説

【問題1】

　　危険物の類ごとに共通する性状について，次のうち正しいものはどれか。

(1)　第1類の危険物は可燃性であり，燃え方が速い。

(2)　第2類の危険物は，着火または引火の危険性のある液体である。

(3)　第3類の危険物は，水との接触により発熱し，発火する。

(4)　第4類の危険物は，いずれも静電気が蓄積しにくい電気の良導体である。

(5)　第5類の危険物は，酸素がない場所でも，加熱，衝撃等により発火，爆発する危険性がある。

(1)　第1類の危険物は**不燃性**です。

(2)　第2類の危険物は，可燃性の**固体**です。

(3)　第3類の危険物でも，**黄りん**は水とは反応しません。

(4)　多くの第4類危険物は，静電気が蓄積しやすい**電気の不良導体**です。

【問題2】

　　危険物の類ごとの一般的性状について，次のうち正しいものはどれか。

(1)　第1類の危険物は，いずれも酸化性の液体で，一般に不燃性の物質である。

(2)　第2類の危険物は，いずれも固体の無機物質で，酸化剤と接触すると爆発の危険性がある。

(3)　第3類の危険物は，いずれも可燃性の固体で，水と反応すると可燃性の気体を発生する。

(4)　第4類の危険物は，いずれも引火点を有する液体で，引火の危険性は引火点の高い物質ほど低く，引火点の低い物質ほど高い。

(5)　第6類の危険物は，可燃性のものは有機化合物であり，不燃性のものは無機化合物である。

解答

解答は次ページの下欄にあります。

(1) 第 1 類の危険物は，酸化性の**固体**です。

(2) 第 2 類の危険物でも，**引火性固体**は有機物です。

(3) 可燃性固体は第 2 類危険物で，第 3 類危険物は，自然発火性および禁水性の**液体**または**固体**です。また，すべてが水と反応するわけではなく，黄りんのように水と反応しないものもあります。

(5) 第 6 類の危険物は，**不燃性**の液体です。

【問題 3】 急行 ★

危険物の性状について，次のうち誤っているものはどれか。

(1) 危険物には単体，化合物および混合物の 3 種類がある。

(2) 液体の危険物の比重は 1 より小さいが，固体の危険物の比重はすべて 1 より大きい。

(3) 多くの酸素を含んでおり，他から酸素の供給がなくても燃焼するものがある。

(4) 水と接触して発熱し，可燃性ガスを生成するものがある。

(5) 同一の物質であっても，形状および粒度によって危険物になるものとならないものがある。

解説 ━━━━━━━━━━━━━━━━━━━━━━━━━━

(1) 危険物には単体，化合物および混合物の 3 種類があるので，正しい。

なお，単体は<u>1 種類の元素のみで構成されている物質</u>であり，化合物は<u>2 種類以上の元素が化学的に結合した物質</u>，また，混合物は<u>2 種類以上の物質が化学結合せずに単に混合した物質</u>のことをいいます。

(2) 液体の危険物でも，二硫化炭素（第 4 類の特殊引火物）や硝酸（第 6 類危険物）のように，比重が 1 より大きいものもあり，また，固体の危険物でも，カリウムやナトリウム（いずれも第 3 類の危険物）のように，比重が 1 より小さいものもあるので，誤りです。

(3) 第 5 類の危険物は，多くの酸素を含み，他から酸素の供給がなくても自己燃焼するので，正しい。

(4) たとえば，第 3 類の禁水性物質であるカリウムやナトリウムおよびリチウムなどは，水と接触して発熱し，可燃性ガスである水素を発生するので，正

解答

【問題 1】 (5)　　【問題 2】 (4)

しい。

(5) 同じ物質であっても，形状や粒度によって危険物になるものとならないものがあるので，正しい。

【問題4】 特急★★

　危険物の類ごとの性状について，次のA～Eのうち，誤っているものはいくつあるか。

A　第1類の危険物は，一般に，不燃性物質であるが，他の物質を酸化する酸素を物質中に含有している。

B　第2類の危険物は，一般に，酸化剤と混合すると，打撃などにより爆発する危険がある。

C　第4類の危険物は，発火点を有し，発火点の高いものほど発火の危険性が高い。

D　第5類の危険物は，いずれも比重は1より小さく，燃焼速度が速い固体の物質である。

E　第6類の危険物は，いずれも酸化力が強い無機化合物で，腐食性があり皮膚をおかす。

(1)　1つ　　(2)　2つ　　(3)　3つ　　(4)　4つ　　(5)　5つ

解説

　A　第1類の危険物は，他の物質を酸化する酸素を物質中に含有している**酸化剤**なので，正しい。

　B　可燃性固体である第2類の危険物が酸化剤と混合すると，爆発する危険があるので，正しい。

　C　発火点の高いものほど，より温度が高くないと発火しないので，発火の危険性は下くなります。よって，誤りです。

　D　第5類の危険物の比重は，いずれも1より**大きい**ので，誤りです。

　また，第5類の危険物は自身に酸素を含有し自己燃焼するので，燃焼速度が速い，というのは正しいですが，固体だけではなく**液体**もあるので，この部分でも誤りです。

　E　第6類の危険物は，酸化力が強い無機化合物（＝**酸化剤**）で，腐食性が

解答

【問題3】　(2)

あり皮膚をおかすので，正しい。

　　従って，誤っているのはC，Dの2つということになります。

【問題5】　 特急 ★★

　　危険物の類ごとの性状について，次のうち正しいものはいくつあるか。

A　第2類の危険物は，いずれも着火または引火の危険のある固体の物質である。

B　第3類の危険物は，いずれも酸素を自ら含んでいる自然発火性の物質である。

C　第4類の危険物は，ほとんどが炭素と水素からなる化合物で，一般に蒸気は空気より重く低所に流れ，火源があれば引火する危険性がある。

D　第5類の危険物は，自己反応性の物質で，加熱等により，急激に発熱，分解する。

E　第6類の危険物は，酸化性の固体で，可燃物と接触すると酸素を発生する。

　(1)　なし　　(2)　1つ　　(3)　2つ　　(4)　3つ　　(5)　4つ

解説 ━━━━━━━━━━━━━━━━━━━━━━━━━━━━━

A　第2類の危険物は，可燃性固体であり，正しい。

B　一般に「酸素を自ら含んでいる物質」という場合，第1類か第5類あるいは第6類危険物を差すので，誤りです。また，第3類の危険物は自然発火性だけではなく，禁水性物質もあるので，この点でも誤りです。

C　正しい。

D　正しい。

E　第6類の危険物は，酸化性の固体ではなく**液体**です。

　　従って，正しいのは，A，C，Dの3つとなります。

<hr>

解答

【問題4】　(2)　　【問題5】　(4)

第2編

各類ごとの性状

〈重要です！〉

　各類を通じて，比較的出題されやすい危険物とそうでない危険物があります。本書では，出題されやすい危険物には，その重要度に応じて特急マークか，あるいは急行マークを表示してあります。

　また，塩類などのように，そのグループ全体の重要度が高い場合は，そのグループ名の横に表示し，グループ全体の重要度は高くないが，その危険物のみの重要度が高い場合は，その危険物の欄を色付けしてあります。

　従って，このあたりの"メリハリ"に注意しながら学習を進めていってください。

第1章　第1類の危険物

 学習のポイント

第1類の危険物は，要するに**酸化剤**（固体）であり，自身は燃えませんが，混在する物質によっては非常に危険な存在となる危険物です。

その第1類危険物ですが，やはり中心は水と激しく反応する**無機過酸化物**，それも**アルカリ金属**で，「**注水消火は厳禁**」というポイントを指摘するような出題がよくあります。

また，**二酸化鉛**や**塩素酸塩類**，それも**塩素酸カリウム**に関する出題も多く，その性状等を中心にしてよく把握しておく必要があるでしょう。

そのほか，**過塩素酸アンモニウム**や**亜塩素酸ナトリウム**，**硝酸塩類**，**過マンガン酸カリウム**，**次亜塩素酸カルシウム**などもたまに出題されているので，性状等を中心に，把握しておく必要があるでしょう。

第1類の危険物は
酸化剤はもちろん漂白剤や
殺菌剤 そして花火や爆薬の
材料などにも用いられて
いるんだよ

① 第1類の危険物に共通する特性

（注：以下の共通する特性は**非常に重要**です。1類の各危険物の特性は，これらの共通する特性以外のものしか原則的に表示していないので，何回も目を通して把握するよう，つとめてください。）

第1類の危険物は**固体の酸化剤**で，自身は燃えないが酸素を含むので，他の可燃物の燃焼を促進させる物質であり，花火の原料として用いられるものが多い，ということをイメージしながら，学習していこう。

（1）共通する性状

① 大部分は**無色の結晶**か，**白色の粉末**である。

② **不燃性**である（⇒**無機化合物**である）。

③ **酸素を含有している**ので，加熱，衝撃および摩擦等により分解して**酸素を発生し**（⇒**酸化剤になる**），周囲の可燃物の燃焼を著しく促進させる。

④ **アルカリ金属の過酸化物**（またはこれを含有するもの）は，水と反応すると発熱し**酸素を発生する**。（重要）

⑤ 比重は1より**大きく，水に溶ける**ものが多い。

（2）貯蔵および取扱い上の注意

酸化されやすい物質とは，要するに，燃えやすいものであり，可燃物または有機物のことを指します。

① **加熱**（または**火気**），**衝撃**および**摩擦**などを避ける。

② 酸化されやすい物質および**強酸**との接触を避ける。

③ **アルカリ金属の過酸化物**（またはこれを含有するもの）は，**水との接触を避ける**。（重要）

④ **密栓**して冷所に貯蔵する。

⑤ **潮解**しやすいものは，**湿気に注意**する。

（3）共通する消火の方法

自身に酸素があるので，二酸化炭素やハロゲン化物などによる窒息消火は不適切で，また，炭酸水素塩類の粉末も適応しません（アルカリ金属の過酸化物除く）

酸化性物質（酸化剤）の分解によって酸素が供給されるので，**大量の水で冷却**して分解温度以下にすれば燃焼を抑制することができます（⇒同じ水系の**強化液**，**泡**のほか，**りん酸塩類の粉末消火剤**，**乾燥砂**も適応する）

ただし，**アルカリ金属の過酸化物は禁水**なので，初期の段階で**炭酸水素塩類の粉末消火器**や**乾燥砂**などを用い，中期以降は，大量の水をまだ燃えていない周囲の可燃物の方に注水し，延焼を防ぎます（P.44消火方法のまとめ参照）。

1 類に共通する特性の問題と解説

共通する性状

【問題1】 特急★★

　　第1類の危険物の性状について，次のうち誤っているものはどれか。

(1)　いずれも強酸化性である。

(2)　水に溶けるものが多い。

(3)　可燃物との混合物は，加熱等により爆発しやすい。

(4)　いずれも比重は1より大きい。

(5)　いずれも水と反応して，可燃性の気体を発生しやすい。

解説

　(1)　第1類の危険物は，強酸化性物質（強酸化剤）です。

　(2)　過酸化カルシウムや過酸化バリウムなどのように水に溶けにくいものもありますが，一般的には水に溶けるものが多いのが特徴です。

　(3)　第1類の危険物は強酸化剤であり，第2類危険物などの可燃物と混合させると，加熱，衝撃，摩擦等により発火，または爆発する危険性があります。

　(4)　第1類危険物の比重は1より大きく，水より重いので，正しい。

　(5)　過酸化カリウムや過酸化ナトリウムなどの**アルカリ金属の過酸化物**（酸素 O が O_2 という具合に過剰にあるので過酸化物という）は，水と反応して気体（酸素）を発生しますが，酸素自身は可燃性ではなく（燃焼を助ける「助燃ガス」という），また，「いずれも」ではないので，誤りです。

【問題2】 急行★

　　第1類の危険物の性状について，次のうち誤っているものはどれか。

(1)　大部分は無色の結晶か，白色の粉末である。

(2)　いずれも酸素と窒素を含む化合物である。

(3)　不燃性であるが，周囲の可燃物の燃焼を著しく促進させる。

(4)　いずれも加熱，衝撃等により分解しやすい。

(5)　酸化性の固体である。

――――――――――――解答――――――――――――

　解答は次ページ下欄にあります。

（2） 硝酸塩類（P.40）などのように，酸素と窒素を含む化合物もあります
が，すべてではないので，「いずれも」の部分が誤りです。

【問題3】 　急行★

　第1類の危険物に共通する性状について，次のうち正しいものはい
くつあるか。

A　多くは有機化合物で，常温（20℃）で自然発火するものもある。

B　他の物質を酸化する酸素を分子構造中に含有している。

C　著しく引火しやすい物質である。

D　燃焼速度が速い物質である。

E　可燃物を強く酸化する物質である。

　（1）　なし　　（2）　1つ　　（3）　2つ　　（4）　3つ　　（5）　4つ

　A　第1類は，無機化合物で，自然発火するものもありません。

　B　第1類の危険物は，すべて他の物質を酸化する酸素を分子構造中に含有
している強酸化剤です（「酸素を含有しないものもある」は誤り）。

　C　第1類の危険物は燃えない，つまり，不燃性の物質なので，「引火しや
すい物質」というのは，誤りです。

　D　Cに同じく，第1類の危険物は不燃性物質なので，「燃焼速度が速い」
というのは，誤りです。

　E　Bにあるとおり，第1類の危険物は，他の物質を酸化する酸素を分子構
造中に含有する強酸化剤なので，正しい。

　従って，正しいものはB，Eの2つということになります。

1類と6類は燃えない
（不燃物）
ので燃えない イチロー よ!
1類 6類

解答

【問題1】 （5）　　【問題2】 （2）

【問題4】 特急★★

　第1類の危険物に共通する貯蔵，取扱いの注意事項として，次のうち誤っているものはどれか。

(1)　加熱，衝撃，摩擦などを避ける。

(2)　容器の破損や危険物の漏れに注意する。

(3)　収納容器が落下した場合の衝撃防止のため，床に厚手のじゅうたんを敷く。

(4)　分解を促す薬品類との接触をさける。

(5)　可燃物との接触を避ける。

解説 ━━━━━━━━━━━━━━━━━━━━━━━━━━

　厚手のじゅうたんは可燃物であり，(5)にあるように，第1類危険物は可燃物との接触を避ける必要があるので，不適切です（「木製の台」という出題例もありますが，同じく可燃物なので誤りです。）

【問題5】 急行★

　第1類の危険物の貯蔵または取扱いの方法について，火災予防上，一般的に重視しなくてもよいものは，次のうちどれか。

(1)　容器の破損，腐食に注意する。

(2)　炭酸水素塩類との接触を避ける。

(3)　単独で爆発するものもあるので，加熱，衝撃，摩擦等を与えないようにする。

(4)　熱源や火気のある場所から離して貯蔵する。

(5)　強酸との接触を避ける。

解説 ━━━━━━━━━━━━━━━━━━━━━━━━━━

　第1類の危険物の貯蔵または取扱いの方法において，接触を避ける必要があるのは**有機物**や**可燃物**などの酸化されやすい物質や**強酸**であり，粉末消火剤にも用いられている炭酸水素塩類とは特にそのような必要性もないので，(2)が正解です。

━━━━━━━━━━━━━ 解答 ━━━━━━━━━━━━━

【問題3】　(3)

【問題6】

第1類の危険物の火災予防上の注意事項として，次のうち誤っているものはどれか。

(1) 換気のよい冷所に貯蔵する。

(2) 窒素との接触を避ける。

(3) 容器は密封し，通気のための孔などは開けてはならない。

(4) アルカリ金属の過酸化物およびこれらを含有するものにあっては，湿度に注意して保管する。

(5) 酸化されやすい物質との接触を避ける。

解説

前問に同じく，第1類の危険物と接触を避ける必要があるのは**可燃性**の物質であり，不燃性物質である窒素とは特に接触を避ける必要性はないので，(2)が誤りです。

消火方法

【問題7】

第1類危険物の消火に関する，次の文中の（ ）内に当てはまる語句の組み合わせとして，正しいものはどれか。

「第1類危険物の火災の消火には，一般的に大量の水を注水して（A）物質を（B）以下にすればよい。ただし，アルカリ金属の過酸化物には，水と反応して（C）を放出して発熱するものがあるので，注水は厳禁である。」

	A	B	C
(1)	酸化性	分解温度	酸素
(2)	還元性	発火点	塩素
(3)	酸化性	燃焼点	酸素
(4)	酸化性	引火点	水素
(5)	還元性	分解温度	酸素

解説

正解は次のようになります。

解答

【問題4】 (3)　　【問題5】 (2)

「第1類危険物の火災の消火には，一般的に大量の水を注水して（酸化性）物質を（分解温度）以下にすればよい。ただし，アルカリ金属の過酸化物には，水と反応して（酸素）を放出して発熱するものがあるので，注水は厳禁である。」

【問題8】 急行★

　　第1類危険物の火災の消火方法として，次のうち誤っているものはどれか。
(1)　アルカリ金属の過酸化物の火災においては，水は使用せず，初期の段階では粉末消火剤や乾燥砂を用いて消火する。
(2)　アルカリ金属の過酸化物以外は，大量の水による冷却消火が最も効果的である。
(3)　窒息効果を主体とする消火方法は，効果的ではない。
(4)　アルカリ金属の過酸化物は，水と反応して発熱するものがあるので，注意する必要がある。
(5)　液体のものは，乾燥砂で消火するのが最も効果的である。

解説

　(1)　前問でも出てきましたが，アルカリ金属の過酸化物の火災においては，注水は厳禁であり，その火災の初期の段階では，粉末消火剤や乾燥砂を用いて消火するのが適切なので，正しい。
　(2)　大量の水によって危険物の分解を抑制することができるので，正しい。
　(3)　危険物自体に酸素を含有しており，二酸化炭素やハロゲン化物消火剤などで窒息消火しても燃焼時に「危険物が分解して酸素を供給する」ので，窒息消火は効果的ではありません。（「　」内は窒息消火が不適当な理由として出題例あり）
　(5)　第1類の危険物は酸化性固体であり，液体ではないので，誤りです。

【問題9】 急行★

　　第1類の危険物と木材等の可燃物が共存する火災の消火方法として，次のA〜Eのうち誤っているものはいくつあるか。

解答

【問題6】　(2)　　【問題7】　(1)

A　硝酸塩類は二酸化炭素等で窒息消火をする。

B　亜塩素酸塩類は強酸の液体で中和し，消火する。

C　塩素酸塩類は注水を避け粉末消火剤で消火する。

D　過塩素酸塩類は注水をさける。

E　無機過酸化物は注水を避け，乾燥砂をかける。

(1)　1つ　　　(2)　2つ　　　(3)　3つ　　　(4)　4つ　　　(5)　5つ

 解説

「1類は原則注水，アルカリ金属の過酸化物は注水厳禁」からそれぞれ確認すると，

A　硝酸塩類は注水消火であり，前問の(3)で説明したように，第1類危険物は危険物自体に酸素を含有しており，窒息消火しても効果的ではないので，誤りです。

B　亜塩素酸塩類を強酸と混合すると，分解して爆発する危険性があるので，誤りです。

C，D　塩素酸塩類，過塩素酸塩類とも，注水して消火するのが最も効果的なので，誤りです。

E　正しい。

従って，誤っているのは，A，B，C，Dの4つとなります。

解答

【問題8】　(5)　　　【問題9】　(4)

第1類に属する各危険物の特性

　第1類危険物に属する物質は，消防法別表により次のように品名ごとに分けて分類されています（注：一部省略してあります）。

表1

品　名	物　質　名
① **塩素酸塩類**	塩素酸カリウム 塩素酸ナトリウム 塩素酸アンモニウム 塩素酸バリウム 塩素酸カルシウム
② **過塩素酸塩類**	過塩素酸カリウム 過塩素酸ナトリウム 過塩素酸アンモニウム
③ **無機過酸化物**	過酸化カリウム 過酸化ナトリウム 過酸化カルシウム 過酸化バリウム 過酸化マグネシウム （その他：過酸化リチウム，過酸化ルビジウム， 過酸化セシウム，過酸化ストロンチウム）
④ **亜塩素酸塩類**	亜塩素酸カリウム 亜塩素酸ナトリウム （その他：亜塩素酸銅，亜塩素酸鉛）
⑤ **臭素酸塩類**	臭素酸カリウム 臭素酸ナトリウム （その他：臭素酸バリウム，臭素酸マグネシウム）
⑥ **硝酸塩類**	硝酸カリウム 硝酸ナトリウム 硝酸アンモニウム
⑦ **よう素酸塩類**	よう素酸カリウム よう素酸ナトリウム （その他：よう素酸カルシウム，よう素酸亜鉛）

⑧　過マンガン酸塩類	過マンガン酸カリウム （その他：過マンガン酸ナトリウム，過マンガン酸アンモニウム）
⑨　重クロム酸塩類	重クロム酸カリウム 重クロム酸アンモニウム
⑩　その他のもので政令で定めるもの（9品名） ⇒・過よう素酸塩類 　・過よう素酸 　・クロム・鉛またはよう素の酸化物 　・亜硝酸塩類 　・次亜塩素酸塩類 　・塩素化イソシアヌル酸 　・ペルオキソ二硫酸塩類 　・ペルオキソほう酸塩類 　・炭酸ナトリウム過酸化物水素付加物	三酸化クロム 二酸化鉛 亜硝酸ナトリウム 次亜塩素酸カルシウム など

〈**1類に共通する特性**（要約したもの。次ページ以降で使用します。）〉

1類に共通する性状	比重は1より大きく，**不燃性**で，**加熱，衝撃**等により**酸素を発生**し，可燃物の燃焼を促進する。
1類に共通する貯蔵，取扱い方法	**火気，衝撃，可燃物**（有機物），**強酸**との接触をさけ，**密栓**して冷所に貯蔵する。
1類に共通する消火方法	**大量の水**で消火する。

（1）塩素酸塩類　（問題 p.45）

　塩素酸塩類とは，塩素酸（$HClO_3$）の H が金属または他の陽イオンと置換した化合物のことをいいます。

　$\boxed{H}ClO_3 \Rightarrow \boxed{K}ClO_3$（塩素酸カリウム）

1．共通する性状 （注：主な危険物のみに共通する性状です。以下同じ）

1類に共通する性状 (P.27)	比重は1より大きく，**不燃性**で，**加熱**，**衝撃**等により**酸素**を発生し，可燃物の燃焼を促進する。

・可燃物と混合したものはもちろん，単独でも，**衝撃**，**摩擦**または**加熱**によって**爆発**する危険性がある。

2．共通する貯蔵，取扱いの方法

1類に共通する貯蔵，取扱い方法	**火気**，**衝撃**，**可燃物**（有機物），**強酸**との接触をさけ，**密栓**して冷所に貯蔵する。

3．共通する消火の方法

1類に共通する消火方法	**大量の水**で消火する。

・初期消火には，水系の消火器（**泡消火器**，**強化液消火器**）や**粉末消火器**（**りん酸塩類**）も有効である（**二酸化炭素**，**ハロゲン化物**は適応しない）。

4．各危険物の特性

表2 （注：水溶性の欄の○は水に溶ける性質を表し，空欄は水に溶けない又は溶けにくい性質を表しています。

種　類	形　状	水溶性	特　徴
塩素酸カリウム（$KClO_3$）〈比重：2.33〉（漂白剤，花火，マッチ等の原料）	無色の結晶又は白色粉末	（熱水には溶ける）	1．強力な**酸化剤**で有毒である。 2．燃焼時に**有毒ガス**を発生する。 3．約400℃で分解をはじめる。 4．アルコールには溶けない。 5．潮解性はない。
塩素酸ナトリウム（$NaClO_3$）〈比重：2.50〉	無色の結晶	○	1．水，アルコールに溶ける。 2．**潮解性**があるので湿気に注意する。 3．燃焼時に有毒ガスを発生する。
塩素酸アンモニウム（NH_4ClO_3）〈比重：2.42〉	無色の結晶	○	1．**自然爆発**の危険性があるので長期保存はできない。 2．水には溶けるが，アルコールには溶けにくい。

（2）過塩素酸塩類  急行★ （問題 p. 48）

　過塩素酸は，塩素酸に比べて「過」という字が示すように，それよりOが１つ多い$HClO_4$で表され，そのHが金属または他の陽イオンと置換した化合物のことを**過塩素酸塩類**といいます。

$$\boxed{\text{H}}ClO_4 \Rightarrow \boxed{\text{K}}ClO_4（過塩素酸カリウム）$$

１．共通する性状，２．共通する貯蔵，取扱いの方法，
３．共通する消火の方法⇒いずれも塩素酸塩類と同じ。（⇒大量の水）

　⇒**可燃物**はもちろん，少量でも強酸や硫黄，赤りんなどと混合した場合や，単独でも，**衝撃，摩擦**または**加熱**によって**爆発**する危険性がある。

　ただし，過塩素酸塩類には次のような特徴が加わります。

　　1．常温では塩素酸塩類より安定している。
　　2．**強酸化剤**ではあるが，塩素酸塩類よりはやや弱い。

４．各危険物の特性

表3 （注：○は水溶性，空欄は水に溶けない又は溶けにくい性質を表す。）

種類	形状	水溶性	特徴
過塩素酸カリウム （$KClO_4$）〈比重：2.52〉 （花火，マッチ等の原料）	無色の結晶又は白色の粉末		塩素酸カリウムと同じだが，爆発の危険性はやや低い。
過塩素酸ナトリウム （$NaClO_4$）〈比重：2.03〉		○	塩素酸ナトリウムと同じ。
過塩素酸アンモニウム （NH_4ClO_4）〈比重：1.95〉		○	・燃焼時に有毒ガスを発生するので危険性が高い。 ・約150℃で分解

　　塩素酸塩類，過塩素酸塩類は「塩素酸カリウムが基準」と考えると，整理しやすくなるじゃろう。
　　また，塩素酸塩類と過塩素酸塩類の違いじゃが，「過塩素酸塩類は塩素酸塩類と同じ」，とまずは強引に覚え，細部はその上に付け足していけば，そう難しくはないはずじゃ。

（３）無機過酸化物 （問題 p. 49）

　まず，過酸化水素（H_2O_2）のように，分子内に O_2^{2-}（–O–O–）なる結合を
もつ酸化物を**過酸化物**といいます。その過酸化水素の H_2 が取れて，代わりに
カリウムやナトリウムなどの金属原子が結合した形の化合物を**無機過酸化物**と
いいます（⇒過酸化水素の金属塩）。

　　　$\boxed{H_2}O_2$　⇒　$\boxed{K_2}O_2$（過酸化カリウム）

１．共通する性状

1類に共通する性状	比重は１より大きく，**不燃性**で，**加熱**，**衝撃**等により**酸素**を発生し，可燃物の燃焼を促進する。

　　　　　　　　　　　　　　　＋
・水と作用して発熱し，分解して**酸素**を発生する。

２．共通する貯蔵，取扱いの方法

1類に共通する貯蔵，取扱い方法	**火気，衝撃，可燃物（有機物），強酸**との接触をさけ，**密栓**して冷所に貯蔵する。

　　　　　　　　　　　　　　　＋
　　　　　　　水との接触を避ける。

３．共通する消火の方法

　１．**アルカリ金属**（カリウム，ナトリウムなど）の無機過酸化物は，水と
　　反応して発熱し，酸素を発生するので**注水は厳禁**である。
　　　また，**アルカリ土類金属**（カルシウム，バリウム，マグネシウムなど）
　　の無機過酸化物はアルカリ金属ほど激しく反応はしないが，やはり**注水
　　は避ける**。
　２．初期の段階で，**炭酸水素塩類の粉末消火器**や**乾燥砂**などを用い，中期
　　以降は大量の水を危険物ではなく，隣接する可燃物の方に注水し，延焼
　　を防ぐ。

4．各危険物の特性

表4（注：水溶性は○，空欄は水に不溶又は溶けにくい）

種　類		形　状	水溶性	特　徴
（アルカリ金属）	過酸化カリウム （K_2O_2） 〈比重：2.0〉	オレンジ色の粉末		1．水と反応して発熱し，酸素と水酸化カリウムを発生する。 2．吸湿性が強く，潮解性がある。
	過酸化ナトリウム （Na_2O_2） 〈比重：2.80〉	黄白色の粉末	○	1．水と反応して発熱し，酸素と水酸化ナトリウムを発生する。 2．吸湿性が強い。
（アルカリ土類金属等）	過酸化カルシウム （CaO_2）	無色の粉末		アルコール，エーテルには溶けないが，酸には溶ける。
	過酸化マグネシウム （MgO_2）	無色の粉末		加熱すると酸素と酸化マグネシウムを発生する。
	過酸化バリウム （BaO_2）	灰白色の粉末		酸または熱湯と反応して酸素を発生する（アルカリ土類中，最も安定）。

（4）亜塩素酸塩類 (問題 P.54)

　⑴の塩素酸塩類（P.35）は，$HClO_3$でしたが，この亜塩素酸は「亜」という字が示すように，それより O が 1 つ少ない $HClO_2$で表され，その H が金属または他の陽イオンと置換した化合物のことを**亜塩素酸塩類**といいます。

　　$\boxed{H}ClO_2 \Rightarrow \boxed{Na}ClO_2$（亜塩素酸ナトリウム）

　代表的な亜塩素酸ナトリウムは，1 類に共通する性状や貯蔵及び取扱い方法（前ページ参照）などのほか，次のような特徴があります。

表5

種　類	形　状	水溶性	特　徴
亜塩素酸ナトリウム （$NaClO_2$） 〈比重：2.50〉	白色の結晶	○	1．**吸湿性**がある。 2．燃焼時に有毒ガスを発生する。 3．**直射日光**や**紫外線**で徐々に分解する。 〈貯蔵及び取扱い方法〉 ・**直射日光**を避けて**冷暗所**に貯蔵する。 〈消火方法〉 ・**多量の水**（強化液，泡含）または**粉末**（りん酸塩）を使用して消火する。

（5）臭素酸塩類 （注　臭素酸ナトリウムの性状は臭素酸カリウムに準じます。）

臭素酸（$HBrO_3$）のHが金属または他の陽イオンと結合した化合物です。

表6

種　　類	形　状	水溶性	特　　　徴
臭素酸カリウム （$KBrO_3$） 〈比重：3.27〉	無色の 結晶性 粉末	○	1．アルコールには溶けにくい。 2．水溶液は強い酸化性を示す。 （その他1類に共通する特性に同じ。）

（「**臭素酸ナトリウム**」は，比重，性状とも上記に準じる。なお，ともに「水溶液は**還元剤**である。」とあれば×になります。⇒**酸化剤**）

（6）硝酸塩類 （問題P.55）

硝酸塩類とは，硝酸（HNO_3）のHが金属または他の陽イオンと置換した化合物のことをいいます。

$$\boxed{H}\ NO_3 \Rightarrow \boxed{K}\ NO_3（硝酸カリウム）$$

次の1類の危険物に共通する特性のほか，下記の表のような特徴があります。

1類に共通する性状	比重は**1より大きく**，**不燃性**で，**加熱**，衝撃等により**酸素**を発生し，可燃物の燃焼を促進する。
1類に共通する貯蔵，取扱い方法	**火気**，**衝撃**，**可燃物（有機物）**，**強酸**との接触をさけ，**密栓して冷所に貯蔵**する。
1類に共通する消火方法	**大量の水で消火**する。

表7

種　　類	形　状	水溶性	特　　　徴
硝酸カリウム （KNO_3）〈比重：2.11〉	無色の結晶	○	1．**単独でも加熱で分解し酸素を発生** 2．**黒色火薬***の原料である。 （＊硝酸カリウムと硫黄，木炭から作る最も古い火薬。）
硝酸ナトリウム （$NaNO_3$）〈比重：2.25〉	無色の結晶	○	1．**潮解性**がある。 2．反応性は硝酸カリウムよりも弱い。
硝酸アンモニウム （別名：硝安） （NH_4NO_3） 〈比重：1.73〉 （防水性の多層紙袋に貯蔵）	無色または白色の結晶	○	1．**吸湿性および潮解性**がある。 2．**単独でも急激な加熱や衝撃により分解し爆発**することがある。 3．約210℃で**亜酸化窒素**を生じる。 4．**アルカリと接触（混合）すると，（アンモニア）を発生**する。 5．水に溶ける際，**激しく吸熱**する。 6．アルコールに溶ける。

（7） よう素酸塩類 <small>（問題 P.57）</small>

　よう素酸塩類とは，よう素酸（HIO_3）の H が金属または他の陽イオンと置換した化合物のことをいい，**塩素酸塩類**や**臭素酸塩類**よりは**安定した化合物**です。

　$\boxed{H}\, IO_3 \Rightarrow \boxed{K}\, IO_3$（よう素酸カリウム）

　1類の危険物に共通する特性のほか，次のような特徴があります。

表8

種　　類	形　状	水溶性	特　　徴
よう素酸カリウム （KIO_3）〈比重：3.89〉	**無色の結晶**または結晶性粉末	○	エタノールには溶けない。
よう素酸ナトリウム （$NaIO_3$）〈比重：4.30〉	**無色の結晶**	○	同　　上

（注：「加熱により分解してよう素を放出」は×　（1類は**酸素**を放出する）

（8） 過マンガン酸塩類　 <small>（問題 p.58）</small>

　過マンガン酸塩類とは，過マンガン酸（$HMnO_4$）の H が金属または他の陽イオンと置換した化合物のことをいいます。

　$\boxed{H}\, MnO_4 \Rightarrow \boxed{K}\, MnO_4$（過マンガン酸カリウム）

　1類の危険物に共通する特性（前ページ参照）のほか，次のような特徴があります。

表9

種　　類	形　状	水溶性	特　　徴
過マンガン酸カリウム （$KMnO_4$） 〈比重：2.70〉	黒紫または**赤紫色**の結晶	○	1．**硫酸**を加えると**爆発**する。 2．約200℃で分解し，酸素を発生する。 3．**塩酸**と接触すると**塩素**を発生する。 4．水に溶けると**濃紫色**を呈する。 5．アルコールやアセトンなどに溶ける。
過マンガン酸ナトリウム （$NaMnO_4 \cdot 3H_2O$*） 〈比重：2.50〉	**赤紫色**の粉末	○	1．**潮解性**がある。 2．硫酸を加えると爆発する。

（＊$3H_2O$：3水和物といい，水分子を3つ含む物質を表しています）

(9) 重クロム酸塩類 (問題P.59)

重クロム酸塩類とは，重クロム酸（$H_2Cr_2O_7$）の H が金属または他の陽イオンと置換した化合物のことをいいます。

$$\boxed{H}_2Cr_2O_7 \Rightarrow \boxed{(NH_4)}_2Cr_2O_7 （重クロム酸アンモニウム）$$

1 類の危険物に共通する特性（下記参照）のほか，次のような特徴があります。

表10

種　類	形　状	水溶性	特　徴
重クロム酸カリウム（$K_2Cr_2O_7$）〈比重：2.69〉	**橙赤色*の**結晶	○	1．苦味があり**毒性**が強い。 2．エタノールには溶けない。
重クロム酸アンモニウム（$(NH_4)_2Cr_2O_7$）〈比重：2.15〉	**橙赤色の**結晶	○	1．**毒性**が強い。 2．**エタノール**によく溶ける。 3．加熱すると**窒素**を発生する。 （NH_4 の N より**窒素**が発生する。なお，1 類なので同時に**酸素**も発生します）

（＊橙赤色：オレンジ色がかった赤色）

〈**1 類に共通する特性**（P.27）〉

1 類に共通する性状	比重は 1 より大きく，**不燃性**で，**加熱**，**衝撃**等により酸素を発生し，可燃物の燃焼を促進する。
1 類に共通する貯蔵，取扱い方法	**火気**，**衝撃**，**可燃物**（有機物），**強酸**との接触をさけ，**密栓**して冷所に貯蔵する。
1 類共通の消火方法	**大量の水**で消火する。

(10) その他のもので政令で定めるもの (問題P.61)

1．炭酸ナトリウム過酸化水素付加物

表11

種　類	形　状	水溶性	特　徴
炭酸ナトリウム過酸化水素付加物（$2Na_2CO_3 \cdot 3H_2O_2$）（別名：過炭酸ナトリウム）	白色の粉末	○	1．加熱によって**熱分解**し，**酸素**を発生するので，**高温**における取扱いには注意する（⇒出題例あるので，要暗記）。 2．**漂白作用**と過酸化水素による**酸化力**を有する。

2．クロム，鉛またはよう素の酸化物

表12

種　　類	形　状	水溶性	特　　　徴
三酸化クロム （CrO_3） （別名，**無水クロム酸**または単に**酸化クロム**ともいう） 〈比重：2.70〉	暗赤色の 針状結晶	○	1．**アルコール，エーテルに溶ける。** 2．**アルコール，エーテル，アセトン**などと接触すると，爆発的に**発火**する（⇒　これらのものと接触を避ける）。 3．**水と接触すると激しく発熱する。** 4．**潮解性**がある。 5．**酸化性**が強く，**有毒**で，皮膚をおかす。
二酸化鉛（PbO_2） （バッテリーの電極などに用いられ，「**過酸化鉛**」ともいう。）〈比重：9.38〉	暗褐色の 粉末		1．水やアルコールには溶けない。 2．**日光**が当たると，分解して**酸素**を発生する。 3．きわめて有毒性が強い。 4．電気の**良導体**である。

（注：二酸化鉛はよく出題されているので，要注意！）

3．次亜塩素酸塩類

表13

種　　類	形　状	水溶性	特　　　徴
次亜塩素酸カルシウム三水塩 （$Ca(ClO)_2 \cdot 3H_2O$） （別名：高度さらし粉といい，水道水の殺菌に用いられるさらし粉の高品質なもの。なお，次亜塩素酸カルシウムには，無水塩や二水塩，三水塩…など，多くの形がある。）	白色の粉末	○	1．**水と反応して塩化水素***と**酸素**を発生する。 2．**吸湿性**がある。 3．空気中では，次亜塩素酸を遊離するので，強い**塩素臭**がある。 4．**光や熱により急激に分解し，酸素**を発生する。 5．**高度さらし粉**は次亜塩素酸カルシウムを主成分とする酸化性物質で，可燃物との混合により発火や爆発する危険がある。 6．アンモニアと混合すると**爆発する**ことがある。

（*塩化水素を塩素とした出題例があるので，注意！）

✳✳✳✳✳✳✳✳✳ 第1類危険物のまとめ ✳✳✳✳✳✳✳✳✳

1．不燃性で強力な**酸化剤**である。

2．比重が1より大きい。

3．ほとんどのものは**水に溶ける**。
（二酸化鉛，（過）**塩素酸カリウム，過酸化カリウム，過酸化バリウム**は水に溶けない）

4．エタノールに溶けるもの。
過マンガン酸カリウム，塩素酸ナトリウム，亜硝酸ナトリウム，三酸化クロム，過塩素酸アンモニウム，硝酸アンモニウム，**重クロム酸アンモニウム**
（「……アンモニウム」と付けばエタノールに溶ける，と覚えておこう。ただし，塩素酸アンモニウムは除く。）

5．無機過酸化物（**過酸化カリウム，過酸化ナトリウム**）は水と反応して**酸素**を発生する。

6．加熱すると**酸素**を発生する。

7．潮解性があるもの（主なもの）。
ナトリウム系（塩素酸ナトリウム，過塩素酸ナトリウム，硝酸ナトリウム，過マンガン酸ナトリウム）（注：亜塩素酸ナトリウムの潮解性はわずかなので省略）
＋過酸化カリウム＋硝酸アンモニウム＋三酸化クロム

8．消火方法のまとめ

消火方法	・原則	・水系（**水，強化液，泡**） ・**粉末**（**りん酸塩類**） ・**乾燥砂等**（膨張ひる石，膨張真珠岩含む）
	・アルカリ金属の過酸化物等（アルカリ土類金属含む）	・**粉末**（**炭酸水素塩類**） ・**乾燥砂等** （注水は厳禁！）
	・適応しない消火剤	・**二酸化炭素消火剤** ・**ハロゲン化物消火剤**

1類に属する各危険物の問題と解説

塩素酸塩類（本文P.35）

【問題1】　 **急行**★

　　塩素酸カリウムの性状について，次のうち誤っているものはどれか。

(1)　無色の結晶又は白色の粉末である。

(2)　加熱すると約400℃で分解して，水素を発生する。

(3)　アンモニアとの反応生成物は自然爆発することがある。

(4)　水に溶けにくいが，熱水（温水）にはよく溶ける。

(5)　硫黄と接触すると，爆発する危険性がある。

解説

─────────────────────────────────────

　まず，P.27の第1類の危険物に共通する性状を思い出します。

1類に共通する 性状⇒	比重は1より大きく，不燃性で，**加熱，衝撃等により酸素を 発生**し，可燃物の燃焼を促進する。

　この下線部からわかるように，(2)の「加熱すると約400℃で分解して，<u>水素</u>を発生する」が誤りで，正しくは，「加熱すると約400℃で分解して，**酸素を発生する**」が正解です（最終的には**塩化カリウム**と**酸素**になる）。

　なお，第1類の危険物に共通する性状のほか，塩素酸塩類の共通する性状である，「<u>可燃物と混合したもの</u>はもちろん，単独でも，衝撃，摩擦または加熱によって<u>爆発する危険性がある</u>」より，(5)は正しい。

【問題2】

　　塩素酸カリウムの性状について，次のうち誤っているものはどれか。

A　酸性溶液中では，酸化作用は抑制される。

B　水酸化カリウム水溶液の添加によって爆発する。

C　強烈な衝撃や急激な加熱によって爆発する。

D　炭素粉との混合物は摩擦等の刺激によって爆発する。

E　少量の濃硝酸の添加によって爆発する。

　(1)　A　　(2)　A，B　　(3)　B，C　　(4)　B，E　　(5)　C，E

解答

解答は次ページの下欄にあります。

A　酸性溶液中では，抑制ではなく，逆に酸化剤として働きます。

B　塩素酸カリウムは，少量の**強酸**の添加によって爆発する危険があります
が，水酸化カリウムのような**強アルカリ**の添加では爆発は起こらないので，誤
りです（⇒**アルカリ性**にはよく溶ける）。

C，D　前問の解説にあるように，塩素酸塩類に共通する性状を分けて記す
と，

①　「可燃物と混合したもの」は，衝撃，摩擦または加熱によって**爆発す
る危険性**がある。

②　（単独でも）衝撃，摩擦または加熱によって**爆発する危険性**がある。

従って，Cは②より正しい。

また，Dは，①より正しい（炭素粉＝可燃物）。

E　Bの説明にもあるように，塩素酸カリウムは，**濃硝酸**や**濃硫酸**のような
少量の**強酸**の添加によって**爆発する**危険性があるので，正しい。

【問題3】

　塩素酸カリウムの貯蔵，取扱い及び消火方法について，次のうち誤
っているものはどれか。

(1)　塩化アンモニウムを安定剤として加え，容器を密栓して保管する。

(2)　熱源や酸化されやすい物質とは隔離する。

(3)　摩擦や衝撃を避ける。

(4)　有機物との接触を避け，換気のよい冷暗所に貯蔵する。

(5)　初期消火に二酸化炭素消火剤，ハロゲン化物消火剤は適切ではない。

　これも，まず，第1類の危険物に共通する貯蔵，取扱いの方法を思い出しま
す。

1類に共通する貯蔵，取扱い方法⇒	火気，衝撃，可燃物（有機物），強酸との接触をさける。

解答

【問題1】　(2)　　【問題2】　(2)

46　第2編　各類ごとの性状

　また，問題１，問題２から，塩素酸カリウムの発火や爆発をさけるにはどうすればよいか？を考えます。

　まず，⑵からあとを考えます。

　⑵　前問の⑵と⑶の解説より，加熱や強酸の添加によって爆発するので，それらとは隔離する必要があり，正しい。

　⑶　塩素酸塩類の共通する性状である，「<u>可燃物と混合したもの</u>はもちろん，単独でも，<u>衝撃，摩擦または加熱によって爆発する危険性がある。</u>」より，摩擦や衝撃を避ける必要があるので，正しい。

　また，⑷の有機物などの可燃物との接触も避ける必要があるので，正しい。

　⑸　塩素酸塩類は水系（**強化液，泡消火剤**）や**粉末消火剤（りん酸塩類）**で消火します。

　そして，最後に⑴ですが，第１類の危険物に保護液中に保存するものはないので，これが誤りとなります。

【問題４】　急行★

　　塩素酸ナトリウムの性状について，次のうち誤っているものはどれか。

　⑴　無色の結晶である。

　⑵　潮解性があるので，注水による消火は避ける。

　⑶　容器は密栓して，換気のよい冷所に貯蔵する。

　⑷　比重は１より大きい。

　⑸　可燃物と混合すると，加熱，摩擦の衝撃で爆発する。

　⑵　塩素酸ナトリウムには潮解性があるので，その点は正しいですが，他の１類の危険物同様，注水消火が原則です。

　⑶　第１類の危険物に限らず，危険物の容器は<u>原則として</u>**密栓して冷所に貯蔵する**ので，正しい。

　⑷　１類の危険物（２，５，６類の危険物も）の比重は１より大きいので，正しい。

　⑸　第１類の危険物を可燃物と混合すると，加熱，衝撃，摩擦等により爆発する危険性があるので，正しい。

解答

【問題３】　⑴

【問題 5】 急行 ★

　　塩素酸ナトリウムの性状として，次のうち誤っているものはどれか。

(1)　300℃以上に加熱すると，酸素を発生して分解する。

(2)　水溶液は強い酸化力をもつ。

(3)　無色の結晶である。

(4)　水やアルコールには溶けない。

(5)　潮解性があるので，特に容器は密栓して保管する。

解説 ━━━━━━━━━━━━━━━━━━━━━━━━━━━━

　(1)　第 1 類の危険物は，酸素を含有しており，加熱，衝撃，摩擦等により分解して酸素を発生します。

　(4)　塩素酸ナトリウムは，ほとんどの第 1 類危険物同様，水に溶けやすく，また，アルコールにも溶けるので，誤りです。

(注：その他の塩素酸塩類は塩素酸カリウムに準じて考える)

過塩素酸塩類 (本文 P.37)

【問題 6】 急行 ★

　　過塩素酸塩類の性状について，次のうち誤っているものはどれか。

(1)　過塩素酸カリウムは，水に溶けにくい。

(2)　過塩素酸ナトリウムには，潮解性がある。

(3)　赤りんまたは硫黄との混合物は，衝撃，加熱により爆発することがある。

(4)　比重が 1 より大きい結晶である。

(5)　過塩素酸塩類は，常温（20℃）では塩素酸塩類よりも不安定である。

解説 ━━━━━━━━━━━━━━━━━━━━━━━━━━━━

　(3)　一般的に，第 1 類危険物は可燃物と混合すると，加熱，衝撃，摩擦等により爆発する危険性があります。

　(4)　第 1 類危険物の比重は 1 より大きい物質です。

　(5)　過塩素酸塩類は，常温（20℃）では塩素酸塩類よりも**安定**しているので，誤りです。

═══════════════ 解答 ═══════════════

【問題 4】　(2)

【問題7】

　　過塩素酸塩類の性状として，次のうち誤っているものはどれか。

(1)　過塩素酸ナトリウムには潮解性があるが，過塩素酸カリウムにはない。

(2)　過塩素酸アンモニウムを加熱すると，約150℃で分解し，酸素を発生する。

(3)　過塩素酸ナトリウムは，燃焼性の強酸化剤である。

(4)　過塩素酸カリウムは水に溶けにくいが，過塩素酸ナトリウムは溶けやすい。

(5)　過塩素酸アンモニウムは，水に溶けるが潮解性はない。

第1類危険物は，<u>不燃性</u>の固体（強酸化剤）です。

無機過酸化物 （本文P.38）

【問題8】　🚄特急★★

　　無機過酸化物の性状について，次のうち誤っているものはどれか。

(1)　加熱すると分解して酸素を発生するが，それ自体が燃焼することはない。

(2)　一般に，吸湿性が強い。

(3)　アルカリ金属の無機過酸化物は，水と作用して発熱し，分解して水素を発生する。

(4)　有機物などと接触すると，衝撃や加熱によって爆発する危険性がある。

(5)　アルカリ土類金属の無機過酸化物は，アルカリ金属の無機過酸化物に比べて水との反応性は低くなる。

(3)　アルカリ金属の無機過酸化物は，水と作用して発熱しますが，その際発生するのは水素ではなく，(1)と同じく酸素です。

【問題9】

　　無機過酸化物の性状等について，次のA～Eのうち正しいものはいくつあるか。

解答

【問題5】　(4)　　　【問題6】　(5)

A　過酸化マグネシウムは，有機物と混合すると非常に爆発しやすくなる。

B　過酸化ナトリウムは，水に触れると酸素を発生し水酸化ナトリウムを生成する。

C　過酸化カルシウムは，水に溶けにくい無色の粉末である。

D　過酸化マグネシウムは，加熱すると分解して酸素を発生し，酸化マグネシウムとなる。

E　過酸化バリウムの火災時には，初期の段階では注水消火が適している。

(1)　なし　　(2)　1つ　　(3)　2つ　　(4)　3つ　　(5)　4つ

B　過酸化カリウムや過酸化ナトリウムなどのアルカリ金属の無機過酸化物は，水に触れると分解して**酸素**を発生します（C，Dも正しい）。

E　アルカリ金属はもちろん，過酸化バリウムなどのアルカリ土類金属にも注水消火は不適なので，誤りです（⇒正しいものはE以外の4つになる）。

【問題10】

　　無機過酸化物の貯蔵及び取扱い方法として，次のうち誤っているものはどれか。

(1)　有機物との接触を避ける。

(2)　容器はガス抜き口を設けて，膨張による破損を避ける。

(3)　加熱や衝撃等を避ける。

(4)　乾燥状態で保管する。

(5)　冷暗所に貯蔵する。

　第5類や第6類の危険物の一部を除いて，危険物の容器は，一般に**密栓**して貯蔵するので，(2)が誤りです。

【問題11】

　　過酸化カリウムの性状等について，次のうち誤っているものはどれか。

―――――――――――――――　解答　―――――――――――――――

【問題7】　(3)　　　【問題8】　(3)

(1) 可燃物と混合すると，衝撃や加熱などにより発火，爆発する危険性がある。

(2) 水と激しく反応し，分解して酸素を発生する。

(3) 過酸化カリウムが水と反応して生じる液体は，強い酸性を示す。

(4) 潮解性がある，オレンジ色の粉末である。

(5) 加熱すると分解して酸素を発生する。

 解説

問題8の無機過酸化物の性状に照らして考えれば，(3)以外は正しいということがわかったと思います。その(3)については，過酸化カリウムが水と反応すると，(2)より酸素を発生しますが，そのほか，水酸化カリウム（KOH）も生じます。この水酸化カリウムは酸性ではなくアルカリ性を示します。

【問題12】 特急 ★★

　過酸化カリウムの貯蔵または取扱いについて，次のA〜Eのうち正しいものはいくつあるか。

A 有機物との接触を避ける。

B 異物が混入しないようにする。

C 加熱，衝撃を避けて貯蔵する。

D ガス抜き口を設けた容器に貯蔵する。

E 乾燥状態で保管する。

(1) 1つ　　(2) 2つ　　(3) 3つ　　(4) 4つ　　(5) 5つ

 解説

問題10の，無機過酸化物の貯蔵及び取扱い方法で学習しているので，Dのみが誤りであることがわかったと思います。

【問題13】 急行 ★

　過酸化ナトリウムの性状について，次のうち誤っているものはどれか。

(1) 純品は白色の粉末であるが，一般的には黄白色粉末である。

解答

【問題9】 (5)　　【問題10】 (2)

(2) 水と反応すると発熱して酸素を発生する。

(3) 加熱すると，約100℃で分解して水素を発生する。

(4) 比重は1より大きく，吸湿性がある。

(5) 加熱により白金容器をおかす。

 解説 ━ ▪━ ▪━ ▪━ ▪━ ▪━ ▪━ ▪━ ▪━ ▪━ ▪━ ▪━ ▪━ ▪━ ▪━ ▪━ ▪

(1) 純品は白色ですが，通常は淡黄色の粉末です。

(2) 正しい。なお，過酸化ナトリウムは，水と反応して水酸化ナトリウム（NaOH）を生じます。

(3) 過酸化ナトリウムを加熱すると，約660℃で分解して**酸素**を発生します。

(4) 第1類の危険物の比重は1より大きいので，正しい。

(5) 融解すると白金をおかすので，金や銀，ニッケルなどのるつぼを用います。

【問題14】 🚄特急 ★★

　過酸化ナトリウムの貯蔵または取扱いについて，次のA～Eのうち誤っているものはいくつあるか。

A　麻袋や紙袋で貯蔵する。

B　水で湿潤な状態にして貯蔵する。

C　安定剤として，少量の硫黄を加えて保管する。

D　直射日光を避け，乾燥した冷所で貯蔵する。

E　貯蔵容器は密閉する。

　　(1)　1つ　　(2)　2つ　　(3)　3つ　　(4)　4つ　　(5)　5つ

 解説 ━ ▪━ ▪━ ▪━ ▪━ ▪━ ▪━ ▪━ ▪━ ▪━ ▪━ ▪━ ▪━ ▪━ ▪━ ▪━ ▪

P.38の無機過酸化物に共通する貯蔵，取扱い方法を思い出します。

1類に共通する貯蔵，取扱い方法⇒	火気，衝撃，可燃物（有機物），強酸との接触をさけ，**密栓**して**冷所**に貯蔵する。

＋

水との接触を避ける。

　Aの麻袋や紙袋は可燃物なので，貯蔵容器として不適切であり，誤り。Bは

水との接触を避けなければならないので，誤り。

Cの硫黄は第2類の**可燃性**固体であり，第1類の共通する貯蔵，取扱い方法より，有機物や**可燃物**との接触を避ける必要があります（A，B，Cが誤り）。

【問題15】

　　過酸化カルシウムの性状について，次のうち誤っているものはどれか。

(1)　無色または白色の結晶である。

(2)　水に溶けにくいが，酸には溶ける。

(3)　加熱すると，分解して酸素を発生する。

(4)　水とはほとんど反応しない。

(5)　可燃物などと混合すると，加熱，衝撃，摩擦等により発火，爆発する危険性がある。

　この問題も，無機過酸化物に共通する性状を思い出せば，すぐに答は導き出すことができます。

　すなわち，「無機過酸化物に共通する性状」＝「1類に共通する性状（⇒比重は1より大きく，**不燃性で，加熱，衝撃等**により**酸素を発生**し，可燃物の燃焼を促進する。）」＋「**水と作用（反応）して発熱**し，分解して**酸素を発生する**」

　従って，(4)の「水とはほとんど反応しない」が誤りです。

【問題16】　**急　行**★

　　過酸化バリウムの性状について，次のうち誤っているものはどれか。

(1)　灰白色の結晶性粉末である。

(2)　酸を加えると過酸化水素を発生する。

(3)　アルカリ土類金属の過酸化物の中では最も不安定な物質である。

(4)　約800℃で分解して酸化バリウムになる。

(5)　冷水にわずかに溶ける。

解答

【問題13】　(3)　　　【問題14】　(3)

(2) 過酸化バリウムは，過酸化水素の原料であり，酸を加えると過酸化水素を発生するので，正しい。

(3) 過酸化バリウムは，アルカリ土類金属の過酸化物の中では最も安定した物質なので，誤りです。

(4) 約800℃で分解して酸化バリウムになるので，正しい。

(5) 過酸化バリウムは，水に溶けにくい物質ですが，冷水にはわずかに溶けるので，正しい。

この問題は，「1類に共通する性状」や「無機過酸化物に共通する性状」だけでは解くことができない，少々高度な内容となっているんじゃが，実際に類題が出題されているので，知識として，知っておいた方がよいじゃろう。

亜塩素酸塩類 (本文 P.39)

【問題17】 ⛟特急★★

亜塩素酸ナトリウムについて，次のうち誤っているものはどれか。

(1) わずかに潮解性を有する白色の結晶又は結晶性粉末である。

(2) 可燃物や有機物などと混合すると，発火，爆発するおそれがある。

(3) 加熱により分解し，酸素を発生する。

(4) 塩酸や硫酸などの無機酸などとは激しく反応するが，シュウ酸やクエン酸などの有機酸とはほとんど反応しない。

(5) 水に溶け，かつ，注水消火が適している。

 解説

(2)，(3) 1類に共通する性状です。

(4) 亜塩素酸ナトリウムは，有機酸，無機酸とも反応し，有毒なガスを発生します。

───────── 解答 ─────────

【問題15】 (4)　　【問題16】 (3)

【問題18】 急行★

亜塩素酸ナトリウムの性状について，次のうち誤っているものはどれか。

(1) 鉄を腐食させるが，その他の金属と接触しても腐食させることはない。

(2) 直射日光や紫外線で徐々に分解する。

(3) 金属粉などの可燃物と混合すると，爆発する危険性がある。

(4) 自然に放置した状態でも分解して少量の二酸化塩素を発生するため，特有な刺激臭がある。

(5) 摩擦，衝撃などによって爆発するおそれがある。

解説 ━━━━━━━━━━━━━━━━━━━━━━━━━━━━━━━━

亜塩素酸ナトリウムは，鉄のほか，銅や銅合金なども腐食させます。

【問題19】

亜塩素酸ナトリウムにかかわる火災の消火に有効な消火剤として，次のA～Eのうち不適当なものはいくつあるか。

A　水

B　二酸化炭素消火剤

C　強化液消火剤

D　ハロゲン化物消火剤

E　泡消火剤

(1)　1つ　　(2)　2つ　　(3)　3つ　　(4)　4つ　　(5)　5つ

解説 ━━━━━━━━━━━━━━━━━━━━━━━━━━━━━━━━

亜塩素酸ナトリウムの火災に対しては，水系の消火剤が有効なので，A，C，Eが適切で，B，Dの2つが不適切となります。

硝酸塩類 (本文P.40)

【問題20】

硝酸塩類に関する次の記述のうち，誤っているものはいくつあるか。

A　硝酸カリウムの消火には，不活性ガスの消火剤を用いるのが最もよい。

─────────────── 解答 ───────────────

【問題17】　(4)

B　硝酸ナトリウムには潮解性または吸湿性がある。

C　硝酸カリウムは，赤りんやマグネシウム等と接触すると，発火する危険性がある。

D　硝酸アンモニウムを加熱すると，分解して亜酸化窒素（一酸化二窒素）を発生する。

E　硝酸ナトリウムは黒色火薬の原料である。

(1)　1つ　　(2)　2つ　　(3)　3つ　　(4)　4つ　　(5)　5つ

　A　硝酸カリウムの消火には，原則として1類の危険物に共通の**大量の水**を用いるのが最もよいので，不適切です。

　B　吸湿性は「物質が水分を吸収すること」，潮解性は，「空気中からの水分を取り込むこと」であり，両者は下線部のみ異なります。

　C　他の1類の危険物と同様，赤りんやマグネシウム等の可燃物と接触すると，発火する危険性があります。

　D　硝酸アンモニウムを加熱すると，分解して有毒な亜酸化窒素（一酸化二窒素）を発生します。

　E　黒色火薬の原料となるのは，硝酸ナトリウムではなく硝酸カリウムなので，誤りです。

　従って，誤っているのはAとEの2つとなります。

【問題21】

硝酸ナトリウムの性状等について，次のうち誤っているものはどれか。

(1)　アルカリ性物質と反応しアンモニアを放出するが，水素は発生しない。

(2)　比重は1より大きい。

(3)　加熱により酸素を発生する。

(4)　水に溶けない。

(5)　単独でも急激に高温に熱せられると分解し，爆発することがある。

(2)　第1類危険物の共通性状です。

========== 解答 ==========

【問題18】　(1)　　【問題19】　(2)

(3)　第1類危険物を加熱すると酸素を発生するので，正しい。

(4)　他の大部分の第1類危険物同様，硝酸ナトリウムも**水**に溶けやすく，ま
た，**エタノール**にも溶けます。

【問題22】 急行★

　硝酸アンモニウムの性状について，次のうち誤っているものはどれ
か。

(1)　無色，無臭の白色結晶で吸湿性または潮解性がある。

(2)　別名，硝安といわれ，窒素肥料として使用することがある。

(3)　硝酸をアンモニウム水で中和すれば得られる。

(4)　木片や紙くずなどの可燃物を混合すると，加熱，衝撃，摩擦等により発
　　火または爆発する危険がある。

(5)　水によく溶け，溶けるときに熱を発生する。

解説

　硝酸アンモニウムは水溶性ですが，水に溶ける際は発熱ではなく，吸熱しま
す。

よう素酸塩類 （本文P.41）

【問題23】

　よう素酸カリウムとよう素酸ナトリウムの共通性状について，次の
うち誤っているものはどれか。

A　赤褐色の結晶である。

B　水，エタノールによく溶ける。

C　加熱によって分解し，酸素を発生する。

D　可燃物と混合すると，加熱や衝撃等によって爆発する危険性がある。

E　比重は1より大きい。

　(1)　A　　(2)　A，B　　(3)　A，C　　(4)　B，C　　(5)　C，E

解説

A　よう素酸カリウムは無色か白色結晶，よう素酸ナトリウムは無色の結晶

解答

です。

 B 両方とも水には溶けますが，エタノールには溶けません。

過マンガン酸塩類（本文 P.41）

【問題24】

 過マンガン酸カリウムの性状について，次のうち，誤っているものはどれか。

(1) 可燃物と混合したものは，加熱，衝撃等により爆発する危険性がある。

(2) 濃硫酸と接触すると爆発する危険性がある。

(3) 水に溶けやすい。

(4) 日光の照射によって分解するので，遮光のため，ガラス容器の場合は着色ビンを使用する。

(5) 約100℃で分解して酸素を放出する。

(解説) --

(1) 第1類の危険物に共通する性状です。

(5) 過マンガン酸カリウムを加熱すると，<u>約200℃で分解し</u>，酸素を発生するので，誤りです。

【問題25】

 過マンガン酸カリウムについて，次のうち誤っているものはどれか。

(1) 光線にさらされると分解を始める。

(2) 約200℃に加熱すると分解し，酸素を放出する。

(3) 常温（20℃）では安定であるが，加熱すると分解し，マンガン酸カリウム，酸化マンガン（Ⅳ），酸素を発生する。

(4) 水に溶けると淡赤色を呈する。

(5) 単独で存在する場合は比較的安定している。

(解説) --

(4) 過マンガン酸カリウムは赤紫色または暗紫色の結晶ですが，水に溶けると，**濃紫色**を呈します。

解答

【問題22】 (5) 【問題23】 (2)

(5) 過マンガン酸カリウムは単独では比較的安定していますが，前問の(2)にあるとおり，濃硫酸と接触すると爆発する危険性があります。

【問題26】 急行★

　過マンガン酸カリウムについて，次のうち誤っているものはいくつあるか。
A　水酸化カリウムなどのアルカリ溶液とは反応しない。
B　無色の結晶である。
C　塩酸を加えると激しく反応し，酸素を発生する。
D　水に溶けた場合は，淡黄色を呈する。
E　酢酸やアセトンなどには，溶けない。
　(1)　1つ　　(2)　2つ　　(3)　3つ　　(4)　4つ　　(5)　5つ

解説 ━━━━━━━━━━━━━━━━━━━━━━━━━━━━━━━━━━━

　A　過マンガン酸カリウムは，水酸化カリウムなどの<u>アルカリと反応して</u>**酸素**を発生します。
　B　**赤紫色**または**暗紫色**の結晶です。
　C　塩酸と接触すると，有毒な**塩素**を発生します。
　D　水に溶けた場合，淡黄色ではなく，**濃紫色**となります。
　E　酢酸やアセトンに溶けるので，誤りです。
　従って，すべて誤っていることになります。

重クロム酸塩類 (本文P.42)

【問題27】　急行★

　重クロム酸アンモニウム（二クロム酸アンモニウム）の性状について，次のうち，誤っているものはどれか。
(1)　橙赤色針状の結晶である。
(2)　加熱すると，融解せずに分解をはじめる。
(3)　約185℃に加熱すると分解する。
(4)　エタノールに溶けるが，水には溶けない。
(5)　ヒドラジンと混触すると爆発することがある。

―――――――――――――――――――　解答　―――――――――――――――――――

【問題24】　(5)　　　【問題25】　(4)

解説

重クロム酸アンモニウムは，エタノールにはよく溶け，水にも溶けるので，(4)が誤りです（P.42の表10参照）。

【問題28】 急行★

重クロム酸アンモニウムの性状について，次のうち誤っているものはどれか。

(1) オレンジ系の結晶である。
(2) エタノールにはよく溶け，水にも溶ける。
(3) 加熱により水素を発生する。
(4) 強力な酸化剤である。
(5) 有機物と混合すると，加熱，衝撃および摩擦により爆発する。

 解説

重クロム酸アンモニウムを加熱すると，約185℃で分解し，水素ではなく**窒素ガス**を発生します。

【問題29】

重クロム酸カリウム（ニクロム酸カリウム）の性状について，次のうち誤っているものはどれか。

(1) 橙赤色の結晶である。
(2) 水やエタノールに溶ける。
(3) 苦味があり有毒である。
(4) 還元されやすい。
(5) 強熱すると酸素を発生するが，自身は不燃性である。

 解説

(2) 重クロム酸アンモニウム，重クロム酸カリウムとも水に溶けますが，重クロム酸アンモニウムがエタノールに溶けるのに対し，重クロム酸カリウムはエタノールには溶けません。

─────────── 解答 ───────────

【問題26】 (5)　　【問題27】 (4)

(4) 重クロム酸カリウムは強力な酸化剤で，相手の物質を酸化させますが，自身は逆に還元されるので，正しい。

(5) 第1類の危険物は不燃性です。

その他のもので政令で定めるもの (本文 P.42)

【問題30】

　　三酸化クロム（無水クロム酸）の性状について，次のうち誤っているものはどれか。

(1) 潮解性のある暗赤色の針状結晶で，極めて毒性が強い。

(2) 水，エタノールのほか，硫酸や塩酸などの強酸にも溶ける。

(3) 加熱すると分解し，酸素を発生する。

(4) 空気中の湿気と反応して有毒な白煙を発する。

(5) 水を加えると腐食性の強い酸となる。

　　三酸化クロムは水と反応して発熱しますが，潮解性があるので，空気中の湿気，すなわち，水分を吸収して，水に溶けたような状態となります。

【問題31】 特急 ★★

　　二酸化鉛の性状について，次のうち誤っているものはどれか。

(1) 暗褐色の粉末である。

(2) 酸化されやすい物質と混合すると発火することがある。

(3) 水によく溶ける。

(4) 熱分解により酸素を発生する。

(5) 電気の良導体で，電極として用いられている。

　　二酸化鉛については，よく出題されているので，特に，その性状については，よく把握しておく必要があります。

　　二酸化鉛は水にもアルコールにも溶けないので，(3)が誤りです。

───────────── 解答 ─────────────

【問題28】 (3) 　　【問題29】 (2)

【問題32】

　　二酸化鉛の性状について，次のうち誤っているものはどれか。

(1) 日光に対しては安定している。

(2) 毒性が強い。

(3) 水を加えても反応することはない。

(4) 不燃性である。

(5) アルコールに溶けない。

　二酸化鉛は，日光に対しては不安定で，**光によって分解され**，酸素を発生します。

【問題33】

　　次亜塩素酸カルシウムの性状について，次のうち誤っているものはどれか。

(1) 高度さらし粉は，次亜塩素酸カルシウムを主成分とする酸化性物質である。

(2) 空気中では次亜塩素酸を遊離するため，塩素臭がある。

(3) 可燃物と混合すると，発火または爆発する危険性がある。

(4) 水溶液は，熱，光などにより分解して酸素を発生する。

(5) 常温（20℃）では安定しているが，加熱すると分解して発熱し，塩素を放出する。

　第1類の危険物は酸素を含有しているので，加熱や衝撃などにより分解して**酸素を放出**します。なお，水と反応した場合は**酸素**と**塩化水素**を発生します。

　なお，最近，**炭酸ナトリウム過酸化水素付加物（過炭酸ナトリウム）**がたまに出題されているので，要点を記しておきます。

① **水に溶けるので高湿度の環境下における貯蔵は避ける。**

② 漂白作用と酸化作用があるので，可燃性物質や金属粉末との接触を避ける。

③ 火災の発生した場合は，**大量の水による消火**が有効である。

解答

【問題30】 (4)　　【問題31】 (3)　　【問題32】 (1)　　【問題33】 (5)

第2章　第2類の危険物

 学習のポイント

　第2類危険物は，**酸化されやすい**（着火しやすい）固体の危険物なので，特に**酸化剤**（第1類危険物や第6類危険物など）との接触には注意が必要な危険物です。

　その第2類危険物ですが，引火性固体以外の危険物は，ほぼ同じくらいの頻度で出題されています（ただし，固形アルコールは比較的よく出題されている）。

　その内容も，性状等が主なので，**発生するガスの種類**や**水溶性**，**非水溶性**などの性状を中心にしてよく把握しておく必要があるでしょう。

　なお，硫黄，鉄粉については，貯蔵，取扱い方法（危険性）や消火方法に関する出題もたまにあるので，そのあたりの知識の整理も必要になるでしょう。

① 第2類危険物に共通する特性

（1）共通する性状

2類の危険物は，1類の危険物のように，品名も，それに属する物品の数も少ないので，その分，内容を把握しやすいのではないかと思います。

1．固体の**可燃性**物質である。

2．一般に比重は**1より大きい**。

3．一般的に**水には溶けない**。

4．**酸化されやすい**（燃えやすい）物質である。

5．**酸化剤**と混合すると，**発火**，**爆発**することがある。

6．燃焼の際，**有毒ガス**を発生するものがある。

7．**酸**，**アルカリ**に溶けて**水素**を発生するものがある。

8．微粉状のものは，空気中で**粉じん爆発**を起こしやすい。

（7のように，酸にもアルカリにも溶ける元素を**両性元素**といい，**アルミニウム**や**亜鉛**などが該当します。⇒出題例あり）

（2）貯蔵および取扱い上の注意

1．**火気**や**加熱**を避ける。

2．**酸化剤**との接触や混合を避ける。

3．一般に，**防湿**に注意して容器は**密封（密栓）**する。

4．**冷暗所**に貯蔵する。

5．その他

・**鉄粉，金属粉**および**マグネシウム**（またはこれらのものを含有する物質）は，**水**や**酸**との接触を避ける。

・**引火性固体**にあっては，みだりに蒸気を発生させない。

（3）共通する消火の方法

P.78の6の消火方法参照

【問題1】 特急 ★★

第2類の危険物の性状について，次のうち誤っているものはどれか。

(1) すべて可燃性の固体で，ゲル状のものがある。

(2) 大部分のものは，無色または白色の固体で，比重は1より大きい。

(3) 微粉状のものは，空気中で粉じん爆発を起こしやすい。

(4) 燃えると有毒ガスを発生するものがある。

(5) 酸化剤と混合すると，爆発することがある。

 解説

(1) 可燃性の固体であり，また，固形アルコールはゲル状です。

(2) 大部分が無色または白色というのは，第1類の危険物であり，第2類の危険物の場合は，硫化りんや硫黄などが**黄色系**，アルミニウム粉やマグネシウムが**銀白色**など，全体として統一された色はありません。

(3) 鉄粉や金属粉などの微粉状のものが空気中に飛散していると，火気により粉じん爆発を起こしやすくなります。

(4) たとえば，硫黄が燃焼すると**亜硫酸ガス（二酸化硫黄）**などの有毒ガスを発生するので，正しい。

(5) 第2類の危険物は可燃性の固体であり，酸化されやすく燃えやすいので，酸化剤と混合すると，発火，爆発する危険性があります。

【問題2】 急行 ★

第2類の危険物の性状について，次のうち誤っているものはどれか。

A 水と反応し，アセチレンガスを発生するものがある。

B 水と反応し，水素を発生して爆発するものがある。

C 熱水と反応して，硫化水素を発生するものがあるが，燃焼によって硫化水素を発生するものはない。

D 常温（20℃）で液状のものがある。

E 酸にもアルカリにも溶けて，水素を発生するものがある。

(1) A (2) A, D (3) B, C (4) C (5) C, E

解答

解答は次のページの下欄にあります。

A 水と反応しアセチレンガスを発生するのは第3類の**炭化カルシウム**です。

B たとえば，硫化りんは水と反応して**硫化水素**を発生し，また，アルミニウム粉，亜鉛粉，マグネシウムは水と反応して水素を発生し，爆発することがあります。

C 三硫化りんは，熱水と反応して，**硫化水素**を発生します。なお，第2類危険物で**りん化水素**を発生するものはないので注意して下さい。

D 第2類の危険物は，可燃性**固体**なので，誤りです。

E アルミニウム粉や亜鉛粉が該当するので，正しい。

【問題3】

　第2類の危険物の性状について，次のうち誤っているものはどれか。

A いずれも固体の無機物質である。

B 消火するのが困難なものがある。

C 水に溶けないものが多い。

D 強酸化剤である。

E 空気中の湿気により自然発火するものがある。

　(1)　A　　(2)　A，D　　(3)　B，C　　(4)　C　　(5)　C，E

A 引火性固体には有機物もあります（無機物質とは，硫黄（S）や赤りん（P）のように，分子に炭素Cを含まない物質（化学式に炭素Cがない）で，有機物とは，一般に炭素Cを含む物質のことをいいます）。

D 強酸化剤は第1類や第6類の危険物が該当するので，誤りです。

E 金属粉やマグネシウムが該当します。

【問題4】　　🚅特急★★

　第2類の危険物に共通する火災予防の方法として，次のうち誤っているものはどれか。

A 還元剤との接触又は混合を避ける。

───────────────── 解答 ─────────────────

【問題1】　(2)　　【問題2】　(2)

B　引火性固体は，換気のよい場所に貯蔵する。

C　紙袋（多層，かつ，防水性のもの）へ収納できるものがある。

D　可燃性蒸気を発生するものは，通気性のある容器に保存する。

E　湿気や水との接触を避けなければならないものがある。

(1)　A　　(2)　A，C　　(3)　A，D　　(4)　C　　(5)　E

A　第2類の危険物は可燃物なので，酸素を供給する物質，すなわち**酸化剤**との接触又は混合を避ける必要があります。

C　**粉末状の硫黄**が該当します。

D　第2類の危険物で通気性のある容器に保存するものはありません。

E　**アルミニウム粉**や**亜鉛粉**は**水**と反応して水素を発生します。その他，硫化りんや P.77，5 の自然発火のおそれがあるものなども水と反応します。

【問題5】　急行

第2類の危険物の貯蔵上の注意事項として，次のうち誤っているものはどれか。

(1)　マグネシウムは，吸湿すると発熱して発火するおそれがあるので，容器は常に密栓する。

(2)　硫黄は，二硫化炭素中に貯蔵する。

(3)　硫化りんは，酸化性物質から隔離して貯蔵する。

(4)　アルミニウム粉は，乾燥した場所に貯蔵する。

(5)　赤りんは，粉じん爆発する危険性があるので，特に換気には注意する。

(1)　マグネシウムに限りませんが，第2類の危険物の場合，容器は**密栓**して貯蔵する必要があります。

(2)　硫黄の貯蔵については，二硫化炭素中に貯蔵するのではなく，塊状のものは麻袋，わら袋などに入れ，粉末状のものは**二層以上のクラフト紙，麻袋**などに入れ，**通風のよい冷暗所**に貯蔵します。

(3)　第2類の危険物は，酸化剤とは隔離して貯蔵する必要があります。

──────────── 解答 ────────────

【問題3】　(2)

(4) アルミニウム粉は，水分と反応すると自然発火の危険性があるので，乾燥した場所に貯蔵する必要があります。

(5) 赤りんをはじめ，金属粉，鉄粉などは，粉じん爆発する危険性があるので，正しい。

【問題6】

第2類の危険物を貯蔵し，または取り扱う場合，その一般的性状から考えて，火災予防上特に考慮しなくてよいものは，次のうちどれか。

(1) 酸化剤との接触または混合を避ける。

(2) 炎，火花または高温体との接近または加熱を避ける。

(3) 赤りんおよび硫黄は，水や空気との接触を避ける。

(4) 引火性固体にあっては，みだりに蒸気を発生させない。

(5) 鉄粉，金属粉およびマグネシウム並びにこれらのいずれかを含有する物質は，水または酸との接触を避ける。

解説

赤りんおよび硫黄は，消火の際に水を使用することができるので，水との接触を特に避ける必要はなく，空気とも避ける必要はありません。

【問題7】

次の危険物火災のうち，水による消火が適しているものはどれか。

(1) 硫化りん

(2) 赤りん

(3) 鉄粉

(4) アルミニウム粉

(5) 亜鉛粉

解説

第2類危険物で水による消火が適しているものは，**赤りん**と**硫黄**のみです。

なお，本試験では，一般的には「**水による消火が適しているもの**」，「**水による消火が適していないもの**」などと出題されていますが，たまに，「**霧状の水**

解答

【問題4】 (3)　　【問題5】 (2)

による消火が適している（または適していない）もの」という具合に，「**霧状の水**」として出題される場合があります。しかし，その場合も，水として出題される場合と答えは同じなので，注意が必要です。

【問題8】 急行★

　　次のA〜Eの危険物の性状にあった消火方法に関する記述のうち，正しいものはいくつあるか。
　　A　三硫化りんの火災には，乾燥砂や粉末消火剤および二酸化炭素消火剤などによる窒息効果を主とする消火方法が有効である。
　　B　亜鉛粉の火災には，乾燥砂で覆うのが有効である。
　　C　赤りんの火災には，二酸化炭素消火剤の使用が最も適切である。
　　D　五硫化りんの火災には，霧状の水も有効である。
　　E　アルミニウム粉の火災には，ハロゲン化物消火剤の使用が適切である。
　　(1)　1つ　　(2)　2つ　　(3)　3つ　　(4)　4つ　　(5)　5つ

解説 ━━━━━━━━━━━━━━━━━━━━━━━━━━━━━━━━━

　　まず，引火性固体以外の第2類危険物には，**乾燥砂**による消火が有効なので，Bは正しい。
　　また，硫化りんの火災には，この乾燥砂のほか，**粉末消火剤**および**二酸化炭素消火剤**などによる窒息効果を主とする消火方法も有効なので，Aも正しい。
　　Cの赤りんについては，水か乾燥砂が有効なので，誤りです。
　　Dの五硫化りんの火災については，水系の消火剤は使用厳禁なので，誤りです。
　　Eのアルミニウム粉は，水やハロゲンと接触すると，自然発火のおそれがあるので，誤りです。
　　従って，正しいのは，A，Bの2つとなります。

【問題9】

　　危険物とその火災に適応する消火剤との組合わせとして，次のA〜Eのうち適切なものはいくつあるか。
　　A　アルミニウム粉…………………ハロゲン化物
　　B　赤りん……………………………霧状の水

━━━━━━━━━━━━━━━━━━　解答　━━━━━━━━━━━━━━━━━━

【問題6】　(3)　　　【問題7】　(2)

C　硫黄‥‥‥‥‥‥‥‥‥‥‥‥‥消火粉末（りん酸塩類）

D　三硫化りん‥‥‥‥‥‥‥‥‥‥泡消火剤

E　マグネシウム‥‥‥‥‥‥‥‥‥二酸化炭素

(1)　1つ　　(2)　2つ　　(3)　3つ　　(4)　4つ　　(5)　5つ

A　アルミニウム粉は，乾燥砂等か消火粉末（炭酸水素塩類）で消火します。

B　第2類危険物で水系の消火剤が可能なのは，**赤りんと硫黄**なので，正しい。

C　硫黄は水系か乾燥砂等，消火粉末（りん酸塩類）で消火するので，正しい。

D　硫化りんは**注水厳禁**です。

E　鉄粉や金属粉，マグネシウムに二酸化炭素，ハロゲン化物（と水）は適応しません。

従って，適切なのは，BとCになります。

【問題10】　急行★

　次の第2類の危険物のうち，消火の際に水系（泡消火剤含む）の使用が不適切なものはいくつあるか。

「硫化りん，赤りん，硫黄，鉄粉，マグネシウム，引火性固体」

(1)　1つ　　(2)　2つ　　(3)　3つ　　(4)　4つ　　(5)　5つ

　水系の消火剤が厳禁なのは，**硫化りん，鉄粉，マグネシウム**の3つで，**赤りん，硫黄**は注水消火が可能，**引火性固体**は泡消火剤の使用が可能です。

解答

【問題8】　(2)　　　【問題9】　(2)　　　【問題10】　(3)

② 第2類に属する各危険物の特性

第2類危険物に属する品名および主な物質は，次のようになります。

表1

品　名	主 な 物 質 名 （品名と物質名が同じものは省略）
① 硫化りん	三硫化りん 五硫化りん 七硫化りん
② 赤りん	
③ 硫黄	
④ 鉄粉	
⑤ 金属粉	アルミニウム粉，亜鉛粉
⑥ マグネシウム	
⑦ 引火性固体	固形アルコール，ゴムのり，ラッカーパテ

（1）硫化りん  特急 ★★ （問題 P. 79）

硫化りんとは，硫黄とりんが化合した物質です。

表2　（注：五硫化りんは**五硫化二りん**ともいいます）

三硫化りん（P_4S_3）	五硫化りん（P_2S_5）	七硫化りん（P_4S_7）
〈比重：2.03，融点：173℃〉	〈比重：2.09，融点：290℃〉	〈比重：2.19，融点：310℃〉

表3

性　状	貯蔵，取扱いの方法	消火の方法
1.**黄色又は淡黄色**の結晶である。 2. 二酸化炭素，ベンゼンに溶けるが，三硫化りんのみ水には溶けない。 3. **水と反応**すると，可燃性で有毒な**硫化水素**（H_2S）を発生する（注：三硫化りんの場合は，冷水ではなく熱水と反応し，七硫化りんは冷水，熱水ともに反応します）。 4. **燃焼**すると，**有毒ガス**（亜硫酸ガス SO_2 など）を発生する。	〈2類に共通する貯蔵，取扱いの方法〉 ⇒ **火気，加熱，酸化剤を避け，密栓して冷暗所に貯蔵する。** ＋ **水や金属粉**などと接触させない。	1. **水は厳禁。** 2. **乾燥砂**（または粉末消火剤か二酸化炭素消火剤）で消火する。

（2）赤りん（P）

 特急 ★★ （問題 P.81）

　この赤りんは，古くからマッチや花火の材料として用いられており，第3類の危険物である黄りんとは，**同素体**（同じ原子からなる単体で性質が異なる物質どうし）です（赤りんは黄りんから作られるので，黄りんが混ざっていることがある）。

表4

性　状 〈比重：2.1～2.3〉	貯蔵，取扱いの方法	消火の方法
1．**赤褐色**（または**赤茶色，赤紫色**）の粉末である。 2．**無臭で無毒**である。 3．**水**にも**二硫化炭素**にも溶けない。 4．自然発火はしないが，不純物として**黄りんを含んだ**ものは**自然発火**の危険性がある。 5．黄りんよりも不活性（安定）である。 6．**粉じん爆発**するおそれがある。 7．燃焼時に，有毒な**りん酸化物**を発生。	〈2類共通の貯蔵,取扱い〉 ⇒　**火気,加熱,酸化剤を避け，密栓して冷暗所に貯蔵**する。	**注水**により冷却消火をするか，または乾燥砂で窒息消火する。

（3）硫黄（S）

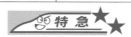 特急 ★★ （問題 P.83）

　硫黄は，すべての元素の中で最も多くの同素体をもつ物質で，主な同素体に**斜方硫黄*，単斜硫黄，ゴム状硫黄**，非晶形などがあります（*単体か否かの出題あり）。

表5

性　状 〈比重：2.07〉〈融点：115℃〉	貯蔵，取扱いの方法	消火の方法
1．**黄色**の固体または粉末で，**無味，無臭**である。 2．**水**には溶けないが（⇒水に対して安定），**二硫化炭素**には**溶ける**。 3．**アルコール，ジエチルエーテル**にはわずかに溶ける。 4．燃焼すると，有毒な**二酸化硫黄**（SO_2：亜硫酸ガス）を発生する。 5．粉末状のものが空気中に飛散すると，**粉じん爆発**する危険性がある。 6．電気の**不良導体**なので，摩擦等により**静電気**を生じやすい。	〈2類共通の貯蔵,取扱い〉 ⇒　**火気,加熱,酸化剤を避け，密栓して冷暗所に貯蔵**する。 ＋　（左の5と6から） 1．**空気中に飛散させない。** 2．**静電気対策**をする。	**水と土砂***により消火する。（粉末（りん酸塩類），泡の各消火剤も有効である。） （*硫黄は融点が低く，燃焼時に液状になりやすいので，土砂で拡散を防ぐ

　なお，貯蔵の際は，「**塊状**の硫黄⇒麻袋，わら袋」，「**粉末状**の硫黄⇒二層以上のクラフト紙，麻袋」などの袋に入れて貯蔵します（⇒容器に入れなくてもよい）。
（(1)の硫化りんと(3)の硫黄は**二硫化炭素に溶ける**が赤りんは溶けないので注意！）

（4）鉄粉（Fe）

 （問題P.84）

　一般に鉄という場合，鉄板のように固まり状のものを思い浮かべますが，このような鉄の場合は，熱がなかなか内部まで浸透しにくいので，一般的にはなかなか燃えません。

　それに対して，鉄を粉末状にした**鉄粉**の場合は，空気（酸素）と接触する<u>面積が増える</u>ので（その他，熱伝導率が小さく熱が蓄積されやすいため），非常に燃えやすくなります。

第2章

第2類の危険物

表6

性　状 〈比重：7.86〉	貯蔵，取扱いの方法	消火の方法
1．**灰白色の粉末**である。 2．水，アルカリ（**水酸化ナトリウム**など）には**溶けない**。 3．酸に溶けて**水素**を発生する。 4．油のしみこんだものは**自然発火**することがある。 5．微粉状のものは，**粉じん爆発**する危険性がある。 6．**酸化剤**と混合したものは，加熱，衝撃により爆発することがある。 7．湿気により**酸化**し，**発熱**することがある。 8．**加熱**または**火**との接触により**発火**する危険がある。 9．**鉄粉のたい積物**について ・空気を含むので<u>熱が伝わりにくくなる</u>。 ・単位重量当たりの表面積が<u>小さい</u>ので，**酸化されにくい**（下線部出題例あり）。 ・**水分を含むたい積物**は，**酸化熱**を内部に蓄積し，**発火**することがある。	〈2類共通の貯蔵，取扱い〉 ⇒　**火気，加熱，酸化剤を避け，密栓して冷暗所に貯蔵する。**	**乾燥砂**（膨張ひる石，膨張真珠岩（パーライト）含む）か**金属用粉末消火剤**で消火する。（加熱したものに注水すると**爆発**する危険性があるので，**注水は厳禁！**）

注：鉄の粉すべてが危険物とみなされるのではなく，「53 μm*の網ふるいを通過するものが50%以上のもの」が対象となります（⇒53 μm の網ふるいに50%以上通過するくらい小さな粒でないと危険物とみなされない，ということ⇒P.28，1の①）。

$（*\mu m = \dfrac{1}{1,000} mm）$

（5）金属粉  特急 ★★ （問題 P.86）

　金属粉とは，アルカリ金属，アルカリ土類金属，鉄およびマグネシウム以外の金属の粉をいい，銅粉，ニッケル粉および150 μm の網ふるいを通過するものが50%未満のものは除かれます。

1．アルミニウム粉（Aℓ）

表7 （色の着いた4〜7は次の亜鉛粉と共通性状です）

性　状 〈比重：2.7〉〈融点：660℃〉	貯蔵，取扱いの方法	消火の方法
1．**銀白色の粉末**である。 2．燃焼すると，**酸化アルミニウム**を生じる。 3．水と反応して**水素を発生**する。 4．**水には溶けない**が，**酸**（塩酸，硫酸など）や**アルカリ**（水酸化ナトリウム）には溶けて**水素を発生**する。（⇒**両性元素**である） 5．空気中の**水分**や**ハロゲン元素**と反応して**自然発火**することがある。 6．**酸化剤**と混合したものは，加熱，衝撃により**発火**することがある。 7．**微粉状**のものは，**粉じん爆発**する危険性がある。	〈2類共通の貯蔵，取扱い〉 ⇒　**火気,加熱,酸化剤を避け**，密栓して冷暗所に貯蔵する。 ＋ 水分やハロゲンとの接触を避ける。	乾燥砂か金属火災用粉末消火剤で消火する。（注水は厳禁！）

（4⇒「**酸**と反応して，**酸素**を発生する。」は誤りなので，要注意！）

2．亜鉛粉（Zn）

表8

性　状 〈比重：7.14〉〈融点：419.5℃〉	貯蔵，取扱いの方法	消火の方法
1．**灰青色の粉末**である。 2．硫黄と混合したものを加熱すると，**硫化亜鉛**を生じる。 3．アルミニウム粉よりも危険性は少ない。 4．水を含んだ**塩素**と接触すると**自然発火**する。 5．その他は，アルミニウム粉の性状4〜7に同じ。	アルミニウム粉に同じ	アルミニウム粉に同じ

（6）マグネシウム  （問題 P.89）

　このマグネシウムは，金属粉などのように「粉」という文字が使われていませんが，「2 mmの網ふるいを通過しない塊状のもの，および直径が2 mm以上の棒状のものは除く。」とあり，塊状あるいは棒状のものは危険物の対象とはなりません。

表9

性　状 〈比重：1.74〉	貯蔵，取扱いの方法	消火の方法
1．銀白色の軽い金属である。 2．水には溶けないが，希薄な酸には溶けて水素を発生する。 　（アルカリとは反応しない） 3．製造直後のものは，酸化被膜が形成（生成）されていないので，発火しやすい。 　　一方，常温（20℃）では，酸化被膜が生成されているので，酸化が進行せず，安定である。 4．冷水とは徐々に，熱水とは激しく反応して水素を発生する。 5．空気中の水分と反応して自然発火することがある。 6．酸化剤と混合したものは，加熱，衝撃により発火することがある。 7．燃焼すると，白光を放って高温で燃え，酸化マグネシウムを生じる。 8．微粉状のものは，粉じん爆発する危険性がある。	〈2類共通の貯蔵，取扱い〉 ⇒　火気，加熱，酸化剤を避け，密栓して冷暗所に貯蔵する。 ＋ 水分や酸との接触を避ける。	乾燥砂か金属火災用粉末消火剤で消火する。 （注水は厳禁！）

（7）引火性固体 （問題 P.91）

　固形アルコールその他1気圧において引火点が40℃未満のものをいい，常温で可燃性蒸気を発生するので，常温でも引火する危険性の高い物質です。

1．共通する貯蔵，取扱いの方法

　2類に共通する貯蔵，取扱いの方法

> ⇒　火気，加熱，酸化剤を避け，密栓して冷暗所に貯蔵する。

2．共通する消火の方法

　⇒　泡消火剤，二酸化炭素消火剤，ハロゲン化物消火剤，粉末消火剤などを用いて消火する。

表10

種　類	形状	特　徴
固形アルコール	乳白色の寒天状	1．メタノールまたはエタノールを凝固剤で固めたものである。 2．40℃未満で可燃性蒸気を発生し，引火しやすい。 3．アルコールと同様の臭気がする。
ゴムのり	のり状の固体	1．生ゴムを（ベンゼンなどに）溶かした接着剤である。 2．引火性蒸気を吸入すると，頭痛，めまい，貧血などを起こすことがある。 3．引火点が10℃以下なので，常温以下の温度で引火性蒸気を発生し，引火する危険がある。 4．水には溶けない。 5．直射日光を避ける（⇒日光により分解するため）。
ラッカーパテ 引火点：10℃ (注:引火点は含有成分により異なる) （プラモデル等に用いられる）	ペースト状の固体	1．トルエン，酢酸ブチル，ブタノールなどを成分とした下地修正塗料である。 2．蒸気を吸入すると，有機溶剤*中毒となる。 3．直射日光を避ける（⇒日光により分解するため）。

＊有機溶剤：物を溶かす目的で用いられる液体を溶剤といい，それが有機物のものを有機溶剤といいます（有機溶媒という場合もある）。

1．比重は1より大きい（固形アルコールは除く）。

2．水には溶けない。

3．二硫化炭素に溶けるもの

　硫化りん，硫黄（＜覚え方＞⇒「硫」＋「硫」＝「二硫」）

4．発生するガスの種類

①　**水素を発生するもの**

鉄粉	**酸に溶けて水素を発生する**
アルミニウム粉 亜鉛粉	水と接触すると**水素を発生する。** **酸**（塩酸や硫酸）や**アルカリ**（水酸化ナトリウム）に溶けて**水素を発生**（酸，アルカリ共に反応⇒**両性元素という**）
マグネシウム	熱水，希薄な酸に溶けて**水素を発生する**

②　**硫化水素を発生するもの**

硫化りん	水または熱水と反応して**硫化水素を発生する**

③　**二酸化硫黄を発生するもの**

硫黄 硫化りん	燃焼の際に**二酸化硫黄**（亜硫酸ガス）を発生する

5．自然発火のおそれのあるもの

赤りん	黄りんを含んだ赤りんは，**自然発火のおそれがある**
鉄粉	油のしみた鉄粉は，**自然発火のおそれがある**
アルミニウム粉 亜鉛粉	空気中の水分やハロゲン元素などと接触すると，**自然発火**のおそれがある
マグネシウム	空気中の水分と接触すると，**自然発火のおそれがある**

6．粉じん爆発するおそれのあるもの

　赤りん，硫黄，鉄粉，アルミニウム粉，亜鉛粉，マグネシウム

この粉じん爆発の防止対策については，本試験でもたまに出題されていますので，ここで，その防止対策についてまとめておきます。

＜粉じん爆発防止対策＞

１．粉じんが発生する場所では，**火気を使用しないようにする**。

２．**接地する**などして，静電気が蓄積しないようにする。

３．電気設備を**防爆構造**にする。

４．粉じんを取り扱う装置には，窒素などの**不活性ガス**を封入する。

５．外気を取り入れて**換気**を十分に行い，粉じん濃度が燃焼範囲の**下限値未満**になるようにする（⇒「常に空気を循環させておく」という対策は誤り⇒粉じんどうしや粉じんと壁の摩擦で静電気が発生する恐れがあるため）。

７．消火方法

① **注水消火するもの**
　・赤りん，硫黄

② **金属火災用粉末消火剤（塩化ナトリウム**が主成分）により消火するもの**
　・鉄粉　アルミニウム粉　亜鉛粉　マグネシウム

③ **注水厳禁**なもの
　・硫化りん　鉄粉　アルミニウム粉　亜鉛粉　マグネシウム

④ **二酸化炭素**が使用可能なもの
　・硫化りん，引火性固体

⑤ **引火性固体**は，**泡，二酸化炭素，ハロゲン化物，粉末消火剤**などで消火する。

８．**乾燥砂**は**第2類危険物**の火災に有効である。

他の類も受験する予定の人は全体のまとめ(P.190)の(9)で注水消火についての内容をここでまとめておけばあとできっと役に立つはずよ

ニャルホド‥‥

硫化りん （本文 P.71）

【問題1】 急行★

　　硫化りんの性状について，次のうち誤っているものはどれか。

(1)　黄色又は淡黄色の結晶である。

(2)　加水分解して発生する可燃性ガスは，有毒で空気より重く，腐った卵のような臭気を有する。

(3)　加熱すると約400℃で昇華する。

(4)　金属粉と混合すると，自然発火する。

(5)　燃焼すると有毒なガスを発生する。

(2)　硫化りんに水（三硫化りんは熱水）を加えると，加水分解して**可燃性で有毒な無色の硫化水素**を発生します。なお，この可燃性ガスを「硫黄が燃えたときに発生するガス（＝二酸化硫黄）と同じ」という出題例もありますが，当然，×です。

(3)　硫化りんを加熱すると，昇華ではなく発生した硫化水素が**発火して爆発**する危険性があるので，誤りです。

(4)　硫化りんを**酸化剤や金属粉**と混合すると，自然発火の危険性があるので，正しい。

(5)　硫化りんが燃焼すると，有毒なガス（**亜硫酸ガス**）を発生します。

【問題2】

　　硫化りんの貯蔵，取扱いについて，次のA～Eのうち誤っているものはいくつあるか。

A　水で湿潤の状態にして貯蔵する。

B　加熱，衝撃，火気との接触を避けて取り扱う。

C　換気のよい冷所で貯蔵する。

D　酸化性物質との混合を避ける。

E　容器のふたは通気性のあるものを使用する。

解答

解答は次ページの下欄にあります。

(1)　1つ　　(2)　2つ　　(3)　3つ　　(4)　4つ　　(5)　5つ

 解説 ━━━━━━━━━━━━━━━━━━━━━━━━━━━━━━━

　A　前問の(2)にあるように，硫化りんと水（または熱水）が混合すると，加水分解して**硫化水素**を発生します（「常温の乾燥した空気中では安定である」という出題例もありますが，こちらは正しい）。

　B，C，D　正しい。

　E　危険物を収納する容器で，ふたに通気性をもたせる必要があるのは，第5類のメチルエチルケトンパーオキサイドと第6類の過酸化水素のみで，その他のものは**密栓**して冷所に貯蔵する必要があるので，誤りです。

　従って，誤っているのはA，Eの2つということになります。

【問題3】 **特急**★

　　三硫化りんの性状について，次のA～Eのうち誤っているものはいくつあるか。

　A　冷水と接触しても分解しないが，熱湯では加水分解される。

　B　加水分解すると，二酸化硫黄を発生する。

　C　100℃以上で発火の危険性があり，発火点が融点より低い。

　D　摩擦，衝撃に対して比較的安定である。

　E　水には溶けないが二硫化炭素やベンゼンには溶ける。

　　(1)　1つ　　(2)　2つ　　(3)　3つ　　(4)　4つ　　(5)　5つ

 解説 ━━━━━━━━━━━━━━━━━━━━━━━━━━━━━━━

　A　冷水とは<u>反応せず</u>，熱水と<u>反応して</u>**硫化水素**を発生します。

　B　加水分解すると，二酸化硫黄ではなく**硫化水素**を発生します。なお，「りん化水素を発生する」という出題例もありますが×です。

　C　三硫化りんの発火点は100℃，融点は173℃です。従って，融点より発火点の方が低いので，「**融点以下で発火することはない**」という出題があれば誤りです。

　D　発火点が低いので，衝撃や摩擦熱などによって発火する危険性があります。

　E　正しい。

━━━━━━━━━━━━━━━ 解答 ━━━━━━━━━━━━━━━

【問題1】　(3)

従って，誤っているのはB，Dの2つとなります。

【問題4】 特急★★

　　三硫化りんと五硫化りんの性状について，次のうち誤っているもの
はどれか。

A　いずれも黄色又は淡黄色の斜方晶系結晶である。

B　いずれも比重は1より大きい。

C　いずれも水や二硫化炭素に溶ける。

D　いずれも加水分解すると可燃性ガスを発生する。

E　五硫化りんは，三硫化りんに比較して，融点が低い。

　(1)　A　　(2)　B　　(3)　A，C　　(4)　A，C，E　　(5)　A，D，E

解説

　A　三硫化りん，五硫化りん，七硫化りんとも，**黄色又は淡黄色の「結晶」**
であり，斜方晶系結晶というのは硫黄に関する性状です。

　B　第2類危険物の比重は1より大きいので，正しい。

　C　硫化りんは二硫化炭素には溶けますが，三硫化りんは水には溶けません。

　D　いずれも加水分解すると有毒で可燃性の**硫化水素**を発生するので，正し
い。

　E　融点は，三硫化りんが約172℃，五硫化りんが約290℃，七硫化りんが310℃
なので，五硫化りんの方が高く，誤りです。

（A，C，Eが誤り）

赤りん（本文P.72）

【問題5】 特急★★

　　赤りんの性状について，次のうち誤っているものはどれか。

(1)　赤色系の液体である。

(2)　比重は1より大きく，毒性は低い。

(3)　常圧で加熱すると，約400℃で固体から直接気化する。

(4)　塩素酸カリウムとの混合物は，わずかの衝撃で爆発する。

(5)　燃焼時には，有毒なりん酸化物を発生する。

解答

【問題2】　(2)　　【問題3】　(2)

(1)　第2類は固体です（赤りんは**赤茶色**,**暗赤色**,**紫色**など**赤色系粉末**です）。

(2)　第2類危険物の比重は1より大きいので，正しい（「水に沈む」は×）。

(3)　赤りんを常圧で加熱すると，約400℃で昇華，つまり，固体から直接気体に変化するので，正しい。

(4)　塩素酸カリウムは第1類の酸化性物質であり，混合すると爆発する危険性があります。

(5)　赤りんが燃焼すると，強い毒性のある**五酸化りん**（P_4O_{10}）を発生します。

【問題6】　 特急 ★★

　　赤りんの性状について，次のうち誤っているものはどれか。

(1)　無臭の赤褐色粉末である。

(2)　反応性は，黄りんよりも不活性である。

(3)　粉じんに点火すると，発火，爆発するおそれがある。

(4)　約50℃で空気中で自然発火する。

(5)　水には溶けない。

(3)　赤りんは粉じん爆発するおそれがあります。

(4)　黄りんを含んでいる赤りんは自然発火の危険性がありますが，純粋なものは自然発火しません（約50℃で空気中で自然発火するのは，黄りんの方です）。

【問題7】　特急 ★★

　　赤りんの性状について，次のA～Eのうち正しいものはいくつあるか。

A　黄りんの同素体であり，黄りんより不活性である。

B　空気中で，約260℃で発火する。

C　水に溶けにくいが，二硫化炭素によく溶ける。

D　弱アルカリ性と反応して，りん化水素を生成する。

───────── 解答 ─────────

【問題4】　(4)　　【問題5】　(1)

E　特有の臭気を有し，空気中でりん光を発する。

(1)　なし　　(2)　1つ　　(3)　2つ　　(4)　3つ　　(5)　4つ

　A　黄りんとは**同素体**（⇒P.72）ですが，**同位体**ではないので注意。

　B　赤りんは，前問より自然発火はしません（加熱すると発火します）。

　C　**水**にも**二硫化炭素**などの**有機溶媒**にも**溶けない**ので，誤りです。

　D　このような性状はないので，誤りです。

　E　赤りんは無臭であり，また，りん光を発するのは黄りんの方であり，赤りんにはそのような性状はないので，誤りです。

　従って，正しいのはAのみの1つということになります。

硫黄（本文P.72）

【問題8】　　特急★★

硫黄の性状について，次のうち誤っているものはどれか。

(1)　電気の不導体で，摩擦等によって静電気を生じやすい。

(2)　水に溶けやすい。

(3)　引火点を有している。

(4)　エタノール，ジエチルエーテルにわずかに溶ける。

(5)　酸化剤との混合物は，加熱，衝撃により爆発することがある。

(2)　硫黄は，二硫化炭素には溶けますが水には溶けません。

(3)　硫黄の引火点は，201.6℃です。

【問題9】　　急行★

硫黄の性状について，次のうち誤っているものはどれか。

(1)　融点が110～120℃程度と比較的低いため，加熱し，溶融した状態で貯蔵する場合がある。

(2)　黄色の固体または粉末で，粉じん爆発を起こすことがある。

(3)　多くの金属元素，非金属元素と高温で反応して，硫化物を作る。

解答

【問題6】　(4)

(4) 融点まで加熱すると発火する。

(5) 燃焼すると青色の炎を上げ，刺激性のガスを発生する。

 解説 ┣━━━━━━━━━━━━━━━━━━━━━━━━━━━━

(4) 融点は115℃前後であり発火点（360℃）より低いので，発火しません。

(5) 硫黄が燃焼すると，特異な刺激臭のある**二酸化硫黄（亜硫酸ガス）**を発生するので，正しい。

【問題10】 **急行**★

硫黄の性状について，次のうち正しいものはどれか。

(1) 屋外に貯蔵することはできない。

(2) 特有な腐卵臭がある。

(3) 熱水と反応して，水素を発生する。

(4) 一般的に黄色の塊または粉末で，比重は2程度である。

(5) 粉末状のものは，加熱，衝撃または摩擦によって発火する。

 解説 ┣━━━━━━━━━━━━━━━━━━━━━━━━━━━━

(1) 屋外に貯蔵することも可能です。

(2) 硫黄は，**無味無臭**です。

(3) 硫黄の消火には注水消火が適していることからもわかるように，水とは反応しません。

(5) 粉末状であっても，酸化剤が混在しなければ，加熱，衝撃または摩擦によって発火することはありません。

鉄粉 （本文P.73）

【問題11】 **急行**★

鉄粉の性状について，次のうち誤っているものはどれか。

(1) 灰白色の粉末である。

(2) 鉄粉のたい積物は，単位重量当たりの表面積が大きいので，酸化されやすい。

(3) 空気中の湿気により酸化蓄熱し，発熱（赤熱）することがある。

─────────── 解答 ───────────

【問題7】 (2)　　【問題8】 (2)

(4)　一般的に，強磁性体である。

(5)　希塩酸に溶けて水素を発生するが，水酸化ナトリウム水溶液にはほとんど溶けない。

 解説

(2)　鉄粉でも，浮遊状態にあるものは単位重量当たりの表面積が大きくなるので（浮遊状態にあるので，隣接する鉄の粒子どうしが離れていて，空気と接する部分が多いため），酸化されやすくなりますが，たい積物になると，隣接する鉄の粒子どうしが密着しているので，空気と接する部分が小さくなります。従って，単位重量当たりの表面積（空気との接触面積）が小さくなり，酸化されにくくなるので，誤りです。

なお，鉄粉の粒度(粒の大きさ)については，それが小さいもの(＝微粉状のもの)ほど表面積が大きくなるので，発火しやすくなり，燃焼も激しくなります。

(3)　鉄粉が水分を含むと，酸化蓄熱し，発熱，発火することがあります。

(5)　鉄粉は塩酸や希酸（強酸以外の酸のこと）などの酸に溶けて水素を発生し，また，水酸化ナトリウムなどのアルカリには溶けません。

【問題12】

　　鉄粉の一般的性状について，次のA～Eのうち誤っているものはいくつあるか。

A　燃焼すると酸化鉄になり，白っぽい灰が残る。

B　有機物と混在すると酸化剤として働く。

C　加熱したものに注水すると，爆発するおそれがある。

D　乾燥した鉄粉は，小炎で容易に引火し白い炎をあげて燃える。

E　アルカリと反応して酸素を発生する。

　　(1)　1つ　　(2)　2つ　　(3)　3つ　　(4)　4つ　　(5)　5つ

 解説

A　酸化鉄は，黒や赤色系の色です。

B　鉄粉は第2類の可燃性の固体であり，第1類や第6類の危険物のような酸化剤としては働きません。

解答

【問題9】　(4)　　　【問題10】　(4)

C　加熱したものに注水すると，水蒸気爆発することがあります。

E　鉄粉はアルカリとは反応しません（⇒前問の(5)）。

従って，誤っているのはA，B，Eの3つとなります。

【問題13】

　　鉄粉の貯蔵，取扱いの注意事項として，次のうち誤っているものは
どれか。

(1)　自然発火しやすいので，容器に密封せずに保管する。

(2)　火気や加熱をさける。

(3)　酸化剤とは接触しないようにする。

(4)　湿気により発熱することがあるので，湿気を避ける。

(5)　油が接触すると自然発火の危険性があるので，接触しないようにして貯
　　蔵する。

　　鉄粉は，湿気などにより自然発火しやすく，その湿気が侵入しないよう，容
器に密封して保管する必要があります。

【問題14】

鉄粉の火災の消火方法について，次のうち最も適切なものはどれか。

(1)　注水する。

(2)　膨張真珠岩（パーライト）で覆う。

(3)　強化液消火剤を放射する。

(4)　二酸化炭素消火剤を放射する。

(5)　泡消火剤を放射する。

　　鉄粉の火災には，乾燥砂や膨張真珠岩（「ぼうちょうしんじゅがん」と読
む。別名，**パーライト**ともいい，真珠岩などの細い粒を高温で加熱して膨張さ
せた多孔質で軽量の粒子のこと。）で覆う**窒息消火**が効果的です。

解答

【問題11】　(2)　　　【問題12】　(3)

【問題15】 **急行**★

　　アルミニウム粉の性状として，次のうち誤っているものはどれか。

(1)　軽く軟らかい金属で，銀白色の光沢がある。

(2)　水に溶けて酸素を発生する。

(3)　空気中に浮遊している場合は，粉じん爆発のおそれがある。

(4)　塩酸に溶けて発熱し，水素を発生する。

(5)　空気中の水分等により，自然発火することがある。

〔解説〕━━━━━━━━━━━━━━━━━━━━━━━━━━━━━━━━

　アルミニウム粉は，水には溶けず，また，水と反応した場合は酸素ではなく**水素**を発生するので，(2)が誤りです。

【問題16】 **急行**★

　　アルミニウム粉の性状について，次のうち誤っているものはどれか。

(1)　酸化剤と混合したものは，摩擦，衝撃等により発火する。

(2)　硫酸などの酸に溶けて水素を発生するが，アルカリとは作用しない。

(3)　熱水と反応すると発熱し，水素を発生する。

(4)　亜鉛粉よりも危険性が大きい。

(5)　ハロゲンと接触すると，反応して高温となり，発火することがある。

〔解説〕━━━━━━━━━━━━━━━━━━━━━━━━━━━━━━━━

　アルミニウム粉は，塩酸や硫酸などの酸だけではなく，水酸化ナトリウムなどのアルカリとも反応して**水素**を発生するので，(2)が誤りです。

【問題17】 **特急**★★

　　亜鉛粉の性状について，次のうち誤っているものはどれか。

A　硫黄を混合して加熱すると硫化亜鉛を生じる。

B　アルカリとは反応しない。

C　酸性溶液中では，表面が不動態となり，反応しにくい。

────────────── 解答 ──────────────

【問題13】　(1)　　【問題14】　(2)

D　湿気，水分により自然発火することがある。

E　水分があれば，ハロゲンと容易に反応する。

⑴　A　　⑵　B，C　　⑶　B，E　　⑷　C　　⑸　C，E

B，C　亜鉛粉は，アルミニウム粉と同じく，**酸**（⇒Cの酸性溶液）や**アルカリ**とも反応して**水素**を発生するので誤りです（不動態にならない）。

E　亜鉛粉は，ハロゲンとは水分のほか，**高温**にしても反応するので注意（硫黄とも高温で反応する⇒出題例あり）。

【問題18】　特急 ★

　亜鉛粉の性状について，次のうち誤っているものはどれか。

⑴　灰青色の金属である。

⑵　酸化剤と混合したものは，摩擦，衝撃等により発火することがある。

⑶　水分を含む塩素と接触すると，自然発火することがある。

⑷　水酸化ナトリウムの水溶液と反応して酸素を発生する。

⑸　2個の価電子をもち，2価の陽イオンになりやすい。

　前問の解説にあるように，亜鉛粉は，水酸化ナトリウムなどのアルカリと反応して**水素**を発生するので，⑷の酸素が誤りです。

【問題19】　急行 ★

　亜鉛粉の性状について，次のうち誤っているものはどれか。

⑴　軽金属に属し，高温に熱すると赤色光を放って発火する。

⑵　硫酸の水溶液と反応して水素を発生する。

⑶　粒度が小さいほど燃えやすくなる。

⑷　比重は1より大きい。

⑸　濃硝酸と混合したものは，加熱，衝撃等により発火するおそれがある。

ーーーーーーーーーーーーーーーーーーーーーーーーー

解答

【問題15】　⑵　　【問題16】　⑵

(1) 亜鉛の比重は7.1なので，4より大きい**重金属**に属し，また，亜鉛粉を加熱すると，**緑色**の炎を放って燃焼します（酸化亜鉛が生じる）。

(2) 亜鉛粉は，アルミニウム粉と同じく，酸やアルカリとも反応して**水素**を発生するので，正しい。

(3) 粒度が小さいほど空気と接触する面積が増え，燃えやすくなります。

(4) 第2類危険物の比重は1より大きいので，正しい。

(5) 濃硝酸などの酸化性物質（酸化剤）と混合すると，加熱，衝撃等により発火するおそれがあるので，正しい。

【問題20】

　アルミニウム粉や亜鉛粉に共通する火災の消火方法として，次のうち最も適切なものはどれか。

(1) 二酸化炭素消火剤を放射する。

(2) 強化液消火剤を放射する。

(3) 噴霧状の水を大量に放射する。

(4) むしろ等で被覆した上に乾燥砂などで覆い，窒息消火させる。

(5) ハロゲン化物消火剤を放射する。

　アルミニウム粉や亜鉛粉の火災には，(4)のように，むしろ等で被覆した上に乾燥砂などで覆い，**窒息消火**させるか，あるいは，**金属火災用粉末消火剤**を用いて消火します。

マグネシウム （本文 P.75）

【問題21】　特急★★

　マグネシウムの性状等について，次のうち誤っているものはどれか。

(1) 銀白色の軽い金属である。

(2) マグネシウムと酸化剤との混合物は発火しやすい。

(3) 水酸化ナトリウム水溶液と反応して酸素を発生する。

(4) 粉末状のものは，空気中で吸湿すると発熱して自然発火することがある。

(5) 水には溶けないが，温水や希薄な酸には溶けて水素を発生する。

解答

【問題17】 (2)　　【問題18】 (4)　　【問題19】 (1)

マグネシウムは**希薄な酸**や**熱水**とは反応しますが，水酸化ナトリウム水溶液や「**乾燥炭酸ナトリウム**」などの<u>アルカリとは反応しません</u>。従って，「火災予防上，乾燥炭酸ナトリウムとは接触させないこと」という出題があれば，反応しないので×になります（注：「**乾燥塩化ナトリウム**」とも反応しません）。

【問題22】　急行★

　　マグネシウムの一般的性状について，次のうち誤っているものはどれか。

(1)　マグネシウムの酸化皮膜は，更に酸化を促進する。

(2)　ハロゲンと接触すると，発火のおそれがある。

(3)　点火すると白光を放ち，激しく燃焼する。

(4)　空気中に浮遊していると，粉塵爆発を起こすことがある。

(5)　棒状のマグネシウムは，直径が小さい方が燃えやすい。

(1)　マグネシウムの表面が酸化皮膜で覆われると，空気と接触できなくなるので，酸化は進行しなくなります。

(2)　正しい。従って，「ハロゲンとは反応しない」と出題されれば×になります。

(5)　たとえば，同じ10kgの木材でも，1本のままで存在する場合と10本に切断して存在する場合では，10本の方が切断面が増えた分，空気と接する表面積も増えます。つまり，直径が小さい方がその分燃えやすい，というわけです。

【問題23】

　　マグネシウムについて，次のうち正しいものはいくつあるか。

A　製造直後のマグネシウム粉は，発火しやすい。

B　水より軽い。

C　火災時は，乾燥砂で覆って窒息消火をする。

D　高温でも窒素とは反応しない。

===== 解答 =====

【問題20】　(4)　　【問題21】　(3)

E　粉末状のものは，熱水と激しく反応して水素を発生する。

　　(1)　1つ　　(2)　2つ　　(3)　3つ　　(4)　4つ　　(5)　5つ

　　A　前問の(1)より，製造直後のマグネシウム粉は，酸化皮膜が形成されておらず，空気と接触して酸化が進行するので，発火しやすくなります。

　　B　マグネシウムの比重は1.74なので，水より重く，誤りです。

　　C　火災時は，むしろ等で被覆した上から乾燥砂で覆って**窒息消火**をするか，あるいは，**金属火災用粉末消火剤**が有効です。

　　D　窒素とは高温で反応し，窒化マグネシウムを生じるので，誤り。

　　従って，正しいのは，A，C，Eの3つということになります。

引火性固体 （本文P.76）

【問題24】

　　引火性固体について，次のうち正しいものはどれか。

A　引火性固体は，発生した蒸気が主に燃焼する。

B　衝撃等により発火するものがある。

C　ゴムのりとは，生ゴムをベンジン等に溶かした接着剤で，水に溶けやすい。

D　ラッカーパテとは，トルエン，ニトロセルロース，塗料用石灰等を配合した下地用塗料である。

E　引火性固体の引火点は40℃以上であり，常温（20℃）では引火しない。

　　(1)　A　　(2)　A，D　　(3)　B，E　　(4)　C　　(5)　C，E

　　B　引火性固体は，衝撃によって発火はしません。

　　C　ゴムのりは，水に溶けません。

　　E　引火性固体とは，1気圧において引火点が40℃未満のものをいい，常温（20℃）でも引火する危険性があります。

【問題25】　😊 **急行**★

　　固形アルコールについて，次のうち誤っているものはどれか。

解答

【問題22】　(1)

(1) 密閉しないと蒸発する。

(2) 火気又は加熱を避けて貯蔵する。

(3) 消火には粉末消火器が有効である。

(4) 通風，換気のよい冷暗所に貯蔵する。

(5) 主として熱分解によって発生する可燃性ガスが燃焼する。

前問の(1)にあるように，固形アルコールなどの引火性固体は，熱分解によって発生する可燃性ガスではなく，発生した蒸気が主に燃焼するので，(5)が誤りです。

【問題26】

固形アルコールについて，次のうち正しいものはいくつあるか。

A　合成樹脂とメタノールまたはエタノールとの危険物である。

B　常温（20℃）では可燃性ガスを発生しない。

C　メタノール又はエタノールを凝固剤で固めたものである。

D　消火には泡消火剤が有効である。

E　メタノールまたはエタノールを高圧低温下で圧縮固化したものである。

(1)　1つ　　(2)　2つ　　(3)　3つ　　(4)　4つ　　(5)　5つ

A，C，E　固形アルコールは，Cにあるように，「メタノール又はエタノールを凝固剤で固めたもの」なので，Cが正しく，A，Eは誤りです。

B　問題24の解説にあるとおり，引火性固体は，1気圧において引火点が40℃未満のものをいうので，常温（20℃）でも可燃性ガスを発生し引火する危険性があり，誤りです。

D　固形アルコールの消火には，泡消火剤のほか，粉末消火剤，二酸化炭素消火剤などが有効なので，正しい。

従って，正しいのは，C，Dの2つということになります。

解答

【問題23】(3)　　【問題24】(2)　　【問題25】(5)　　【問題26】(2)

第3章　第3類の危険物

学習のポイント

　第3類の危険物は，**自然発火性**および**禁水性物質**であり，空気や水と接触するだけで直ちに危険性が生じるという，きわめて危険性の高い物質です。

　ただ，それらの中でも自然発火性のみ（⇒**黄りん**），あるいは，禁水性のみの物質（⇒**リチウム**）があるので，それらに注意しておく必要があります。

　個別の危険物では，まず，非常に危険性が高く，しかも効果的な消火方法もないという**アルキルアルミニウム**は，貯蔵及び取扱い方法（火災予防上の注意）を中心に頻繁に出題されているので，それらの知識を確実に把握するとともに，消火に関する問題もたまに出題されているので，こちらの方も注意が必要です。

　また，**黄りん**も，その性状，貯蔵及び取扱い方法，消火方法とも平均してよく出題されているので，全体をよく把握するとともに，**ジエチル亜鉛**も同じような頻度でよく出題されているので，特に性状については，よく把握しておく必要があります。

　その他，**カリウム**，**ナトリウム**，**りん化カルシウム**，**炭化カルシウム**などもよく出題されているので，同じく性状等を中心によく把握しておく必要があるでしょう。

　リチウム，**バリウム**，**水素化ナトリウム**，**水素化リチウム**，**トリクロロシラン**などについても，比較的よく出題されているので（2〜3回に1回程度），こちらも性状等を中心にしてよく把握しておく必要があるでしょう。

　上記以外の危険物については，幅広く，たまに1問，1問出題されている，といった傾向です。

　以上のポイントに注意しながら学習を進めていってください。

① 第3類の危険物に共通する特性

　第3類の危険物は，**自然発火性物質**および**禁水性物質**であり，空気に触れるだけで**発火**したり，あるいは，水と接触するだけで**発火**（または**可燃性ガスを発生**）したりする物質を含む，非常に危険性が高い物質です。

> ・**自然発火性物質**⇒　空気に触れるだけで**発火**
> ・**禁水性物質**　　⇒　水と接触するだけで**発火**または**可燃性ガスを発生**

まずは，「第3類の危険物は，すべて自然発火性と禁水性の両方の性質をもつ」と，まずは，強引に覚えよう。

　つまり，第3類は水も空気もダメ。

　ただし，リチウムと黄りんだけは例外ダ，と覚えるのです。

（1）共通する性状

1. 常温（20℃）では，**液体**または**固体**である。
2. 物質そのものは，**可燃性**のものと**不燃性**のものがある（**りん化カルシウム，炭化カルシウム，炭化アルミニウムのみ不燃性**）。
3. 一部の危険物（**リチウムは禁水性，黄りんは自然発火性のみ**）を除き，**自然発火性**と**禁水性**の両方の危険性がある。

> ・**リチウム**⇒　**禁水性のみ**
> ・**黄りん**　⇒　**自然発火性のみ**
> （その他の第3類⇒自然発火性＋禁水性）

4. 多くは，**金属**または**金属を含む化合物**である。

（2）貯蔵および取扱い上の注意

　本文では，次ページのように，要点のみを記した，〈3類共通の貯蔵，取扱いの方法〉しか表示していませんので，〈3類に共通する貯蔵，取扱いの方法〉とあれば，右の(2)のことを差しているんだな，と理解しておいてください。

1. 自然発火性物質は，**空気との接触**はもちろん，**炎，火花，高温体との接触および加熱**をさける。
2. 禁水性物質は，**水との接触**をさける。
3. 容器は湿気をさけて**密栓**し，換気のよい**冷所**に貯蔵する。
4. 容器の**破損**や**腐食**に注意する。
5. 保護液に貯蔵するものは，保護液から危険物が**露出**しないよう，保護液の減少に注意する。

　なお，危政令第26条より，「**黄りんその他水中に貯蔵する物品**と**禁水性物品**とは，同一の貯蔵所において貯蔵しないこと」という規定があるので，注意してください。

> ⇒黄りんと禁水性物品とは同時貯蔵できない。

（3）共通する消火の方法

1．水系の消火剤（水，泡，強化液）は使用できない。
   （黄りんのみ注水消火可能）
2．禁水性物質（⇒黄りん以外の物質）は，**炭酸水素塩類**
   の粉末消火剤を用いて消火する（黄りんは×）。
3．**乾燥砂（膨張ひる石，膨張真珠岩含む）**は，すべての
   第3類危険物に使用することができる。
4．**二酸化炭素，ハロゲン化物**は適用しない。

＜3類共通の貯蔵，取扱い法＞

（下線部は「こうして覚えよう」で使用する部分です）

⇒ 火と水をさけ（空気は物質によりさける必要がある），密栓して冷所
  に貯蔵する。

こうして覚えよう！

サルは，ひ と み を 見せ れ(い) ばおそってくる。

3類　　火　　水　　　密栓　冷(所)

黄りんは第3類じゃが，赤りん
は第2類なのでまちがわないよ
うに。また，硫黄もこの黄りん
とよく間違うので「赤りんと硫
黄は第2類」，「黄りんは第3類」
とキチンと整理しておくことが
大切じゃよ。

ハ～イ

【問題1】

　　第3類の危険物の品名に該当しないものは，次のうちどれか。

(1)　アルカリ土類金属

(2)　金属の塩化物

(3)　金属の水素化物

(4)　金属のりん化物

(5)　カルシウムの炭化物

 -

　　P.102の表参照

【問題2】

　　　次のA〜Eの第3類の危険物のうち，禁水性物質に該当するものは
いくつあるか。

A　ナトリウム　　　　B　ジエチル亜鉛

C　黄りん　　　　　　D　ノルマル（n−）ブチルリチウム

E　炭化カルシウム

(1)　1つ　　(2)　2つ　　(3)　3つ　　(4)　4つ　　(5)　5つ

 -

　　第3類危険物は，ほとんどが禁水性と自然発火性の両方の性質を有していま
すが，黄りんは**自然発火性**の性質のみで，禁水性はありません。

【問題3】　　特急 ★★

　　第3類の危険物の性状について，次のうち誤っているものはどれか。

(1)　常温（20℃）において，固体又は液体のものがある。

(2)　ほとんどのものは，水との接触により水素などの可燃性ガスを発生し，
　　発熱あるいは発火する。

(3)　乾燥した常温（20℃）の空気中では，発火の危険性がないものもある。

───────────────────── 解答 ─────────────────────

　　解答は次ページの下欄にあります。

(4) 自然発火性と禁水性の両方の性質を有しているものがある。

(5) 物質自体は，不燃性である。

(1) 第3類危険物のほとんどのものは，常温（20℃）で固体ですが，アルキルアルミニウムなど一部に液体のものもあるので，「固体又は液体」で正しい。

(2) 第3類危険物のほとんどは，水と接触して可燃性ガス（**水素**など）を発生する**禁水性**の物質です。

(3) 第3類危険物のほとんどは乾燥した空気中で発火の危険性，すなわち，自然発火性を有する危険物ですが，リチウムは禁水性のみの物質で，自然発火性はないので，正しい。

(4) 第3類危険物のほとんどは，自然発火性と禁水性の両方の性質を有しているので，正しい。

(5) 第3類の危険物には，不燃性のものも可燃性のものもあるので，誤りです。

【問題4】　　急 行★

　第3類の危険物の性状について，次のうち誤っているものはどれか。

(1) 潮解性を有するものがある。

(2) 水と反応しないものがある。

(3) 濃度が高いと極めて危険性が大きい物質は，希釈して用いられることがある。

(4) 保護液として水を使用するものがある。

(5) 自然発火性のものは，常温（20℃）の乾燥した窒素ガス中でも，発火することがある。

(1) **カリウム，ナトリウム**は潮解性を有します。

(2) 水と反応しないもの，つまり，自然発火性の危険性のみしかない物質として，**黄りん**があります。

━━━━━━━━━━━━━━ 解答 ━━━━━━━━━━━━━━

【問題1】　(2)　　【問題2】　(4)

(3) アルキルアルミニウムやアルキルリチウムなどは，危険性を低減するため，ベンゼンやヘキサンなどで希釈して用います。

(4) 黄りんは，空気に触れないよう，水中に貯蔵するので，正しい。

(5) 窒素ガスは，引火性のない不活性ガス（不燃性ガス）なので，その中で発火することはなく，誤りです。

【問題5】 特急 ★★

　　第3類の危険物に関する貯蔵及び取扱い方法について，次のうち誤っているものはどれか。

(1) 水と反応するものは酸素を発生するので，水との接触をさける。

(2) 保護液に保存されている物品は，保護液の減少に注意し，危険物が保護液から露出しないようにする。

(3) 自然発火性物品は，空気との接触をさける。

(4) 容器は密栓して，通風および換気のよい冷所に貯蔵する。

(5) 酸化剤との接触または混合を避ける。

(1) 第3類危険物のほとんどは，水と反応する禁水性の物質ですが，その際発生するガスは，カリウムやナトリウムなどのように**水素を発生する**ものが多く，酸素を発生するものはありません。

(3) 自然発火性物品は，空気と接触すると酸化されて発火する危険性があります。

【問題6】 急行 ★

　　第3類の危険物の火災予防の方法として，次のうち正しいものはいくつあるか。

A　保護液はすべて炭化水素を用いる。

B　雨天や降雪時の詰め替えは，窓を開放し，外気との換気をよくしながら行う。

C　禁水性物質は，水と接触しないようにして保管する。

D　常に窒素などの不活性ガスの中で貯蔵し，または取り扱う必要がある。

解答

【問題3】 (5)　　【問題4】 (5)

E 自然発火性の物品は，炎，火花，高温体との接触，または加熱を避ける。

(1) 1つ　(2) 2つ　(3) 3つ　(4) 4つ　(5) 5つ

解説 ━ ■ ━ ■ ━ ■ ━ ■ ━ ■ ━ ■ ━ ■ ━ ■ ━ ■ ━ ■ ━ ■ ━ ■ ━

A 第3類危険物の保護液には，カリウムやナトリウムなどのように炭化水素（炭素と水素からなる化合物）である**灯油**中に貯蔵するものもありますが，黄りんのように**水中**に貯蔵するものもあるので，誤りです。

B 禁水性物質は，湿度などの**水分をさけて貯蔵する必要がある**ので，雨天や降雪時の詰め替えは不適切です。

C Bの解説より，正しい。

なお，このCの禁水性物質は「水」と，前問の(3)の自然発火性物質は「空気」との接触を避ける必要がありますが，「接触すると，直ちに発熱や発火のおそれのあるものは，**水と空気**のみである。」という出題については，水や空気以外でも，たとえば，カリウムやナトリウムは**ハロゲン**（塩素など）と激しく反応して発熱や発火するおそれがあるので×になります（逆に，**アルゴン**は第3類と接触しても**発熱や発火しない物質**なので注意）。

D 空気中で自然発火する危険性があるアルキルアルミニウムやジエチル亜鉛などの自然発火性物質は，空気との接触をさけるため窒素などの不活性ガス中で貯蔵する必要がありますが，すべてがそうではなく，カリウムやナトリウムなどのように，保護液（灯油など）中で貯蔵するものもあります。

E 正しい。

従って，正しいのは，CとEの2つとなります。

【問題7】 急行★

　すべての第3類の危険物火災の消火方法として次のうち有効なものはどれか。

(1) 噴霧注水を行う。
(2) ハロゲン化物消火剤を放射する。
(3) 二酸化炭素消火剤を放射する。
(4) 泡消火剤を放射する。

━━━━━━━━━━━━━━ 解答 ━━━━━━━━━━━━━━

【問題5】 (1)

(5)　乾燥砂で覆う。

　　第3類の危険物は，ほとんど**禁水性**の物質なので，(1)の噴霧注水は×。

　　また，(2)のハロゲン化物消火剤と(3)の二酸化炭素消火剤は第3類危険物には適応しないので，これも×。

　　結局，禁水性物質，自然発火性物質ともに使用できるのは，(5)の**乾燥砂（膨張ひる石，膨張真珠岩含む）**ということになります。

【問題8】
　　第3類の危険物火災の消火方法として，次のうち誤っているものはどれか。
(1)　膨張ひる石は，すべての第3類危険物に有効である。
(2)　危険物中に多量の酸素を含んでいるので，窒息消火は効果がない。
(3)　不燃性ガスによる消火は不適切である。
(4)　強化液消火剤を使用すると，かえって燃焼が激しくなるものが多い。
(5)　禁水性物質は，りん酸塩類等以外の粉末消火剤で消火する。

　　(1)　膨張ひる石は，膨張真珠岩などとともに，**乾燥砂等**という部類に含まれる消火剤で，すべての第3類危険物に有効なので，正しい。

　　(2)　危険物中に多量の酸素を含んでいるのは第5類の危険物であり，(1)の説明のように，乾燥砂等による窒息消火は効果があるので，誤りです。

　　(3)　二酸化炭素消火剤やハロゲン化物消火剤などの不燃性ガスによる消火は不適切なので，正しい。

　　(4)　第3類危険物のほとんどは禁水性物質であり，その禁水性物質は強化液消火剤などの**水系の消火剤**と反応して可燃性ガスを発生し，燃焼がかえって激しくなるので，正しい。

　　(5)　その禁水性物質ですが，りん酸塩類等以外の粉末消火剤，つまり，**炭酸水素塩類等を用いた粉末消火剤**などにより消火するので，正しい。

解答

【問題6】　(2)　　　【問題7】　(5)　　　【問題8】　(2)

② 第3類に属する各危険物の特性

第3類危険物に属する品名および主な物質は，次のようになります。

表1

品　　名	主な物質名 （品名と物質名が同じものは省略）
① カリウム	
② ナトリウム	
③ アルキルアルミニウム	
④ アルキルリチウム	
⑤ 黄りん	
⑥ アルカリ金属（カリウム，ナトリウム除く）および 　アルカリ土類金属	リチウム カルシウム バリウム
⑦ 有機金属化合物（アルキルアルミニウム，アルキルリチウムを除く）	ジエチル亜鉛
⑧ 金属の水素化物	水素化ナトリウム 水素化リチウム
⑨ 金属のりん化物	りん化カルシウム
⑩ カルシウムまたは 　アルミニウムの炭化物	炭化カルシウム 炭化アルミニウム
⑪ その他のもので政令で定めるもの	トリクロロシラン
⑫ 前各号に掲げるもののいずれかを含有するもの	

> ほとんどの
> 第3類危険物は 水に
> 触れても 空気に触れても
> 発火（または可燃性ガスを発生）
> するという 非常に危険性の
> 高い危険物なんだ

> 特にアルキルアルミニウムや
> ジエチル亜鉛 などは
> その傾向が さらに強いので
> 取扱いには 厳重な注意が
> 必要だよ

（1）カリウム（K）とナトリウム（Na） （問題 P.112）

カリウム，ナトリウムとも「アルカリ金属」に属しています。

（カリウム，ナトリウムおよびリチウムについては比重と融点に要注意！）

カリウム（K）とナトリウム（Na）	 急行 ★

表2

性　状 〈比重：カリウム⇒0.86，ナトリウム0.97〉 〈融点：カリウム63.2℃，ナトリウム97.4℃〉	貯蔵，取扱いの方法	消火の方法
1．水より**軽い銀白色**の柔らかい金属。 2．**水**や**アルコール**と反応して発熱し，**水素**を発生して**発火**する。 （ハロゲン（塩素）とも激しく反応する） 3．**吸湿性**および**潮解性**を有する。 4．空気中ではすぐに酸化される。 5．化学的反応性や水分と接触した際の反応熱は，**カリウム**の方が大きい。 6．**ナトリウム**は，**酸**，**二酸化炭素**と激しく反応して発火，爆発する危険性がある。 7．融点以上に加熱すると，「**カリウムは紫色**」，「**ナトリウムは黄色**」の炎を出して燃える。 8．有機物に対して還元作用があり，**カリウム**の方がより強い。（イオン化傾向もカリウムの方が強い） （6．7．8．だけ性状が異なる）	〈3類共通の貯蔵，取扱い法〉 ⇒　火と水を避け，密栓して冷所に貯蔵する。 ＋ （空気中ではすぐに酸化されるので）**灯油**などの**保護液***に貯蔵して空気を避ける。 （*軽油，流動パラフィン，ヘキサンなど） （注：P.94（2）の5.よりNaやK等の禁水性物質と黄りんは同時貯蔵できないので注意！）	乾燥砂（膨張ひる石，膨張真珠岩含む），金属火災用粉末消火剤，乾燥炭酸ナトリウム（ソーダ灰），乾燥塩化ナトリウム，石灰等で消火する。 （⇒**注水**および**ハロゲン化物**，**二酸化炭素**，**泡消火剤**は**厳禁**！……出題例あり！）。

（2）アルキルアルミニウム

アルキル基（脂肪族飽和炭化水素，つまり，アルカンから水素原子1個を取り除いたもの）がアルミニウム原子に1以上結合した化合物（有機金属化合物）の総称です（塩素などのハロゲンが結合したものも含む）。

アルキルアルミニウム	 特急 ★ ★	（問題 P.114）

アルキルアルミニウムは，物質により**固体または液体**のものがあり（いずれも**無色**），非常に危険性の高い物質です。

表3

性　状	貯蔵，取扱いの方法	消火の方法
1．**水**とは爆発的に反応して可燃性ガス（**エチレン，エタン**など）を発生し，**発火，爆発**するおそれがある。また，**空気**とも接触するだけで急激に酸化されて**発火**する危険性がある。 2．水や空気との反応性は，**アルキル基の炭素数**または**ハロゲン数**が多いものほど小さい（⇒危険性が小さくなる）。 3．**アルコール，アミン類，二酸化炭素**と激しく反応するほか，**ハロゲン化物**とも激しく反応し，有毒ガスを発生する。 4．**ベンゼンやヘキサン**などで希釈すると，反応性が弱くなる。（⇒ベンゼン，ヘキサンのほか，ヘプタン，ペンタンとは反応しない（出題例あり）） 5．皮膚に触れると火傷を起こす。	1．水や空気との接触をさけるため，安全弁などを設けた**耐圧性の容器***に**不活性ガス**（**窒素**や**アルゴン**など）を注入し，完全に**密閉**して冷暗所に貯蔵する。 （*分解して容器内の圧力が上がり容器が破損するおそれがあるため）。 2．貯蔵または取り扱う際に，**ベンゼンやヘキサン**などで希釈すると危険性が軽減される。	1．火勢が小さい場合⇒**粉末消火剤**（炭酸水素ナトリウムなど）で消火又は乾燥砂等に吸収する。 2．火勢が大きい場合⇒**消火は困難**であり，周囲に延焼しないよう，**乾燥砂**（**膨張ひる石，膨張真珠岩**含む）に吸収させて火勢を弱らせる。 （⇒**水系の消火剤は厳禁です！**） 次の消火剤も不適です りん酸塩の粉末消火剤 ハロゲン化物消火剤泡 消火剤

（3）アルキルリチウム

アルキル基とリチウム原子が結合した化合物（有機金属化合物）の総称をアルキルリチウムといい，代表的なものに，黄褐色の液体である**ノルマルブチルリチウム**（(C_4H_9) **Li**）があり，他に，メチルリチウムとエチルリチウムがあります

ノルマルブチルリチウム（(C_4H_9) Li）

性　状＜比重：0.84＞	貯蔵，取扱い方法	消火の方法
1．**黄褐色**の液体である。 2．**水，アルコール，アミン類**のほか，**酸素や二酸化炭素**とも激しく反応する。 3．**ベンゼンやヘキサン**に溶ける。 4．空気と接触すると，**白煙**を生じ，やがて燃焼する。	アルキルアルミニウムに準じる	アルキルアルミニウムに準じる

（4）アルカリ金属およびアルカリ土類金属 （問題P.117）

（注：アルカリ金属のカリウム，ナトリウムは個別の品目として指定されており，P.103に掲げてあるので，除きます）

アルカリ金属，アルカリ土類金属では，**リチウム**が重要です。まずは，このリチウムの特性を把握し，それ以外の主な物質であるバリウム，カルシウムの特性については，このリチウムに準ずるので，異なる部分だけ頭に入れればよいでしょう。

なお，いずれも**銀白色の柔らかい金属**です。

1．リチウム（Li） …禁水性のみ！

（注：粉末状のものは自然発火することもあるが，直ちに発火することはない。）

表4

性　状 〈比重：0.53〉〈融点：180.5℃〉	貯蔵，取扱いの方法	消火の方法
1．固体金属中で，**最も軽い**。 2．固体金属中最も**比熱が大きい**。 3．水と反応して**水素**を発生する（高温ほど激しい）。 4．ハロゲン（塩素など）と激しく反応し，ハロゲン化物を生じる。 5．燃焼すると**深赤色**の炎を出し，酸化リチウム（有害）を生じる。	**灯油中**に入れて，「3類に共通する貯蔵，取扱いの方法」で貯蔵する。 ⇒「3類に共通する貯蔵，取扱いの方法」で貯蔵する。 ⇒火と水を避け，密栓して冷所に貯蔵する。	**乾燥砂**（膨張ひる石，膨張真珠岩含む）で消火する。 ⇒（**注水は厳禁**！）。

2．バリウム（Ba）の性状

（「消火の方法」はリチウムに同じ）

① 比重は3.6
② 水と激しく反応し，**水素**を発生して発火する（下線部⇒**酸素**の出題例あり）。
③ 燃焼すると，**黄緑色**の炎を出し，**酸化バリウム**となる。⇒出題例あり。

3．カルシウム（Ca）の性状

（「貯蔵，取扱いの方法」「消火の方法」はリチウムに準じる）

① 比重は1.55で，強い**還元性**のある銀白色の金属結晶である。
② **水**（や酸）と反応して**水素**を発生する（高温ほど激しい）。⇒出題例あり。
③ 燃焼すると，**橙赤色**の炎を出し，**酸化カルシウム**（生石灰）を生じる。
④ 貯蔵の際は，金属製容器に入れて**密栓**し，**冷所**に貯蔵する。

（5）黄りん（P）

 特急 ★★　（問題 P.119）

（…自然発火性のみ！⇒水とは反応しない！）

表5

性　状〈比重：1.82〉〈発火点：34〜44℃〉	貯蔵，取扱いの方法	消火の方法
1. 白色または淡黄色のろう状固体である。 2. 水やアルコールに溶けないが，ベンゼンや二硫化炭素には溶ける。 3. 空気中に放置すると白煙を生じて激しく燃焼し（⇒ 自然発火する），十酸化四りん，（五酸化二りん，または無水りん酸ともいう）になる。 4. ハロゲンとも反応する。（⇒ハロゲン化物消火剤はNG！） 5. 暗所では青白色の光を発する。	〈3類共通の貯蔵，取扱い法（ただし，水は避けなくてよい）〉 ⇒　火気を避け，密栓して冷所に貯蔵する。 ＋ 1.（酸化を防ぐため）弱アルカリ性の水中で貯蔵する。 2. 禁水性物品とは，同一の貯蔵所において貯蔵しないこと。	水（噴霧注水）や泡消火剤および土砂（乾燥砂含む）を用いて消火する。 ⇒（高圧注水は飛散するおそれがあるので避ける）。 また，ハロゲン化物消火剤も反応するので不適。

　（この黄りんと第2類の硫黄とは混同しやすいので，「おりんさん」⇒黄りんは3類とのみ覚える⇒結果，硫黄は2類）

（6）有機金属化合物 （問題 P.122）

　（注：アルキルアルミニウム，アルキルリチウムは別の品名として扱われ，P.104に掲げてあるので除きます）

　有機金属化合物とは，有機化合物の炭素原子に金属が結合したもので，代表的なものに次のジエチル亜鉛があります。

ジエチル亜鉛（$Zn(C_2H_5)_2$）

表6

性　状〈比重：1.21〉	貯蔵，取扱いの方法	消火の方法
1. 無色透明の液体である。 2. 酸化されやすく，空気中で自然発火する。 3. 水，アルコール，酸とは激しく反応し，エタンガスなどの炭化水素ガスを発生する。 4. ジエチルエーテル，ベンゼンに溶ける。	〈3類共通の貯蔵，取扱い法〉 ⇒　火と水を避け，密栓して冷所に貯蔵する。 ＋ 不活性ガス中で貯蔵し，容器は完全密封する。	粉末消火剤で消火する。 ⇒（水系の消火剤は厳禁！また，ハロゲン化物消火剤も有毒ガスを発生するので使用厳禁です）。

（7） 金属の水素化物 （問題 P.123）

　水素と他の元素が化合したものを水素化物といい，そのうち金属と化合したものを金属の水素化物といいます。

1．水素化ナトリウム（NaH）

 特急 ★★

表7

性　状 〈比重：1.40〉	貯蔵，取扱いの方法	消火の方法
1．灰色の結晶である。 2．水と激しく反応して水素を発生し，自然発火するおそれがある（空気中の湿気でも自然発火する）。 3．アルコール，酸と反応する。 4．二硫化炭素やベンゼンに溶けない。 5．高温にすると，水素とナトリウムに分解する。 6．還元性が強く（還元剤に使用），金属酸化物，塩化物から金属を遊離する。 7．乾燥した空気中や鉱油中では安定	〈3類共通の貯蔵，取扱い法〉 ⇒　火と水を避け，密栓して冷所に貯蔵する。 ＋ 1．空気との接触を避ける。 2．容器に窒素を封入するか，または，流動パラフィンや鉱油中に保管し，酸化剤や水分との接触をさける。	乾燥砂，金属火災用粉末消火剤（塩化ナトリウム），ソーダ灰，消石灰などで消火する。 ⇒（水系の消火剤と上記以外の粉末消火剤は厳禁！）。

2．水素化リチウム（LiH）

 急行 ★

　比重0.82の白色の結晶で，性状等は水素化ナトリウムに準じます。
　　　　　　　　　　　　　　　└─但し，消火に二酸化炭素は適応しない

（8） 金属のりん化物 （問題 P.124）

　りんと他の元素が化合したものをりん化物といい，そのうち金属と化合したものを金属のりん化物といいます（この金属のりん化物を「第2類」とした出題例がある）。

りん化カルシウム（Ca₃P₂）

 急行 ★

表8

性　状 〈比重：2.51〉〈融点：1600℃以上〉	貯蔵，取扱いの方法	消火の方法
1．暗赤色の結晶（または結晶性粉末）又は灰色の固体で不燃性。 2．エタノール，エーテルに溶けない。 3．加熱または水，弱酸と反応して，毒性の強い無色で可燃性のりん化水素（ホスフィン）を発生。（自身は不燃性だが，このりん化水素の性状で自然発火性となる）	〈3類共通の貯蔵，取扱い法〉 ⇒　火と水を避け，密栓して冷所に貯蔵する。 ＋ 空気との接触を避ける。	乾燥砂を用いて消火する ⇒（水系の消火剤は厳禁！）。

なお，りん化水素は燃えると有毒な十酸化四りん（五酸化二りん）になるので要注意！

（9）カルシウムおよびアルミニウムの炭化物

（問題 P. 125）

炭化物とは，炭素と金属との化合物のことをいいます。

1．炭化カルシウム（CaC_2）

 特急 ★★

（別名，カーバイトともいう）　表9

性　状〈比重：2.22〉	貯蔵，取扱いの方法	消火の方法
1．**無色または白色**（市販品は**灰色**）の**結晶**で**不燃性**である。 2．**水**と反応して，**可燃性**の（空気より軽い）**アセチレンガス**と，**水酸化カルシウム**（消石灰）を生じる。 （$CaC_2 + 2H_2O → C_2H_2 + CaCOH)_2$ 3．高温では**還元性**が強くなり，多くの酸化物を還元する。 4．**吸湿性**がある。 5．高温では**窒素ガス**と反応する。	〈3類共通の貯蔵，取扱い法〉 ⇒　火と水を避け，密栓して冷所に貯蔵する。 ＋ 必要に応じて**不活性ガス**（**窒素**など）を封入する。	**乾燥砂**か**粉末消火剤**を用いて消火する。 （⇒**水系の消火剤は厳禁！**）。

2．炭化アルミニウム（Al_4C_3）

表10

性　状〈比重：2.37〉	貯蔵，取扱いの方法	消火の方法
1．純粋なものは**無色透明の結晶**であるが，通常は不純物のため，**黄色**を呈している。 2．自身は**不燃性**である。 3．高温では**還元性**が強くなり，多くの酸化物を**還元**する。 4．**水**と反応して，**可燃性**の（空気より軽い）**メタンガス**を発生し，**水酸化アルミニウム**となる。	炭化カルシウムに同じ	炭化カルシウムに同じ

（10）その他のもので政令で定めるもの

トリクロロシラン（SiHCl₃）　　急行★　　（問題 P.378）

表11

性　状 〈比重：1.34〉〈引火点：−14℃〉	貯蔵，取扱いの方法	消火の方法
1．**無色**で揮発性の強い液体である。 2．**刺激臭**がある。 3．**水**と反応して**塩化水素**を発生する 　（⇒塩化水素が水に溶けた**塩酸**は多 　くの金属を溶かします）。 4．酸化剤と混合すると，爆発的に反 　応する。 5．引火点が低く，燃焼範囲が**広い**の 　で（1.2〜90.5 vol%），引火の危険 　性が高い。	〈3類共通の貯蔵，取扱い法〉 ⇒　火と水を避け， 密栓して冷所に貯蔵 する。 ＋ **酸化剤**を近づけない。	**乾燥砂**（膨張ひ る石，膨張真珠 岩含む）や粉 末，二酸化炭素 消火剤を用いて 消火する。 （⇒**水系の消火** **剤は厳禁！**）。

✳✳✳✳✳✳✳✳✳✳✳ 第3類危険物のまとめ ✳✳✳✳✳✳✳✳✳✳✳

1．比重は1より大きいものと小さいものがある。

比重が1より小さいもの（主なもの）を覚える。

⇒ カリウム，ナトリウム，ノルマルブチルリチウム，リチウム，水素化リチウム

2．色

・金属（ナトリウム，カリウムなど）は**銀白色**
・カルシウム系は**白**か**無色**（りん化カルシウムは**暗赤色**）
・アルキルアルミニウム，ジエチル亜鉛，炭化アルミニウムなどは**無色**

3．発生するガスの種類

① 水と反応して**水素**を発生するもの
　　カリウム，ナトリウム，リチウム，バリウム，カルシウム，水素化ナトリウム，水素化リチウム

② 水と反応して**りん化水素**を発生するもの
　　りん化カルシウム

③ 水と反応して**アセチレンガス**を発生するもの
　　炭化カルシウム

④ 水と反応して**メタンガス**を発生するもの
　　炭化アルミニウム

⑤ 水と反応して**塩化水素**を発生するもの
　　トリクロロシラン

⑥ 水（酸，アルコール）と反応してエタンガスを発生するもの
　　ジエチル亜鉛

⑦ 加熱により水素を発生するもの
　　アルキルアルミニウム
　　（その他，エタン，エチレン，塩化水素等も発生する）

4．ハロゲン（塩素など）と反応するもの

　カリウム，ナトリウム，リチウム，バリウム（注：ハロゲン化物との反応と混同しないように）

5．液体のもの

　アルキルアルミニウム，アルキルリチウム，トリクロロシラン，ジエチル亜鉛

＜こうして覚えよう！＞

駅	を	歩く	鳥		さん	には	会えん
液体		アルキル	トリクロロ，	（ジエチル）	3類		亜鉛

6．不燃性のもの

　りん化カルシウム，炭化カルシウム，炭化アルミニウム（その他は可燃性）

7．保護液等に貯蔵するもの

① 灯油，軽油，流動パラフィン中に貯蔵するもの
　ナトリウム，カリウム

② 不活性ガス（窒素アルゴンなど）中に貯蔵するもの
　アルキルアルミニウム，ノルマルブチルリチウム，ジエチル亜鉛，水素化ナトリウム，水素化リチウム

③ 水中に貯蔵するもの
　黄りん（注：第4類の二硫化炭素も水中貯蔵です）

> ②，③より「保護液は全て炭化水素」という出題は×

8．消火方法

　原則として乾燥砂（膨張ひる石，膨張真珠岩含む）で消火し，注水は厳禁である。

＜例外＞

① 注水消火するもの：黄りん
② 粉末消火剤が有効なもの：ジエチル亜鉛，炭化カルシウム，炭化アルミニウム，トリクロロシラン
③ 消火が困難なもの：アルキルアルミニウム，ノルマルブチルリチウム
④ 二酸化炭素，ハロゲン化物は適応しない

第３類に属する各危険物の問題と解説

カリウム （本文 P.103）

【問題１】 急行★

カリウムの性状について，次のうち誤っているものはどれか。

(1) 銀白色で光沢のある軟らかい金属である。

(2) 比重は１より小さく，水に浮く。

(3) ハロゲンと常温（20℃）で反応するがアルゴンガスとは反応しない。

(4) 空気中で加熱すると黄色の炎をあげて燃える。

(5) 常温（20℃）で水と接触すると，発火する。

解説

(3) アルゴンは不活性ガスであり，接触しても発火するおそれはありません。

(4) カリウムを空気中で加熱すると黄色ではなく**紫色**の炎をあげて燃えます。

【問題２】 急行★

カリウムの性状として，次のうち誤っているものはどれか。

(1) 水と反応して酸素を発生する。

(2) 有機物に対して強い還元作用を示す。

(3) 吸湿性を有する物質である。

(4) 腐食性が強い。

(5) 灯油とは室温で反応しない。

解説

カリウムは，水と激しく反応しますが，酸素ではなく**水素**を発生します。

【問題３】

カリウムについて，次のうち誤っているものはどれか。

(1) 空気に触れるとすぐに酸化される。

(2) 火気や加熱を避けて貯蔵する。

解答

解答は次ページの下欄にあります。

(3)　アルコール類とは反応しない。

(4)　換気のよい冷暗所に貯蔵する。

(5)　潮解性を有する物質である。

カリウムは，水やアルコールと反応して水素を発生します。

ナトリウム （本文 P. 103）

【問題4】　　急行★

ナトリウムの性状について，次のうち誤っているものはどれか。

(1)　比重は1より小さい。

(2)　水と激しく反応して水素を発生する。

(3)　融点は，約98℃である。

(4)　燃える時は，紫色の炎を出す。

(5)　空気に長時間触れると自然発火する。

ナトリウムが燃焼する際の色は，紫色ではなく**黄色**の炎をあげて燃焼をします（紫色はカリウム）。

【問題5】

ナトリウムの性状として，次のうち適当でないものはどれか。

(1)　常温（20℃）では，固体である。

(2)　銀白色の柔らかい金属である。

(3)　エタノールと反応すると，発熱して酸素を発生する。

(4)　化学的反応性は，カリウムより劣る。

(5)　空気中では表面がすぐに酸化され，光沢を失う。

ナトリウムは，水やアルコールと反応して発熱しますが，その際発生するのは酸素ではなく**水素**を発生します。

─────── 解答 ───────

【問題1】　(4)　　【問題2】　(1)

【問題6】

　　カリウムとナトリウムの共通する性状として，次のうち誤っている
ものはどれか。

(1)　水より軽い。

(2)　水と反応して水素を発生する。

(3)　皮膚に触れると火傷をおこす。

(4)　消火の際は，乾燥砂のほか二酸化炭素消火剤なども有効である。

(5)　灯油や軽油及び流動パラフィン中に貯蔵する。

　　カリウムやナトリウムの消火の際は**乾燥砂等**で覆うのが有効であり，二酸化
炭素やハロゲンなどの消火剤は不適です（接触すると発火する危険性があ
る）。（注：「容器に窒素を封入して保管」は火災の原因ではないので注意）

アルキルアルミニウムとアルキルリチウム　(本文P.104)

【問題7】　特急 ★

　　アルキルアルミニウムの性状について，次のうち誤っているものは
どれか。

(1)　アルキル基とアルミニウムの化合物であり，ハロゲンを含むものもあ
　　る。

(2)　水とは激しく反応するが，空気に触れても直ちに危険性は生じない。

(3)　常温（20℃）では，固体又は液体である。

(4)　ヘキサン，ベンゼン等の炭化水素系溶媒に可溶であり，これらに希釈し
　　たものは反応性が低減する。

(5)　アルキル基をハロゲン元素で置換すると危険性は低下する。

　　(1)　アルキルアルミニウムは，アルキル基がアルミニウム原子に1以上結合
した化合物で，塩素などのハロゲンが結合しているものもあります。

　　(2)　アルキルアルミニウムは，水はもちろん，空気と触れても激しく反応し
ます。

解答

【問題3】　(3)　　【問題4】　(4)　　【問題5】　(3)

(4) アルキルアルミニウムやノルマルブチルリチウムなどは，危険性を低減するため，ベンゼンやヘキサンなどで希釈して取扱われることが多いので，正しい。なお，当然，ベンゼンやヘキサンと混合しても発熱反応は起きないので注意。

【問題8】 急行★

　　アルキルアルミニウムの性状として，次のうち誤っているものはどれか。
(1) アルキル基の炭素数が多くなると発火の危険性が高まる。
(2) 皮膚に触れると火傷を起こす。
(3) ハロゲン数の多いものは，空気や水との反応性が小さくなる。
(4) 水，アルコールと反応してアルカンを生成する。
(5) 一般に無色の液体で，空気に触れると急激に酸化される。

解説 ━━━━━━━━━━━━━━━━━━━━━━━━━━━━━━━━

　　アルキルアルミニウムは，炭素数やハロゲン数の多いものほど反応性は逆に小さくなるので，(3)が正しく，(1)が誤りです。

【問題9】 急行★

　　アルキルアルミニウムの貯蔵，取扱いについて，次のうち誤っているものはどれか。
(1) 空気と接触すると発火するので，水中に貯蔵する。
(2) 身体に接触すると皮膚等をおかすので，保護具を着用して取り扱う。
(3) 高温においては分解するので，加熱を避ける。
(4) 自然分解により容器内の圧力が上がり容器が破損するおそれがあるので，ガラス容器では長期間保存しない方がよい。
(5) 一時的に空になった容器でも，容器内に付着残留しているおそれがあるので，窒素など不活性のガスを封入しておく。

解説 ━━━━━━━━━━━━━━━━━━━━━━━━━━━━━━━━

　　アルキルアルミニウムは，空気だけではなく水とも激しく反応するので，水

解答

【問題6】 (4)　　【問題7】 (2)

中ではなく**不活性ガス中**で貯蔵します。

【問題10】 急行★

アルキルアルミニウムの消火方法として，次のうち正しいものはいくつあるか。

A りん酸塩類等を使用する粉末消火剤を放射する。

B 乾燥砂，けいそう土等を投入し，アルキルアルミニウムを吸収させる。

C 泡消火剤を放射してアルキルアルミニウムの表面を覆う。

D 膨張ひる石，膨張真珠岩等で燃焼物を囲む。

E ハロゲン化物消火剤を放射する。

(1) 1つ (2) 2つ (3) 3つ (4) 4つ (5) 5つ

解説 ━━━━━━━━━━━━━━━━━━━━━━━━━━━

A 粉末消火剤を使用する場合，**炭酸水素ナトリウム**等を含む粉末消火剤を用いる必要があります。

B 正しい。

C アルキルアルミニウムに水系の消火剤は厳禁なので，誤りです。

D 正しい。

E ハロゲン化物消火剤を放射すると，有毒ガスを発生するので不適当です。

従って，適切なのはB，Dの2つとなります。

【問題11】

ノルマルブチルリチウムの性状について，次のうち誤っているものはどれか。

(1) 常温（20℃）では赤褐色の結晶で，水より軽い。

(2) 空気と接触すると白煙を生じ，発火して燃焼する。

(3) 貯蔵容器には，不活性ガスを封入する。

(4) 水，アルコールと激しく反応する。

(5) ベンゼン，ヘキサンに溶ける。

━━━━━━━━━━━━━ 解答 ━━━━━━━━━━━━━

【問題8】 (1) 【問題9】 (1)

解説

　ノルマルブチルリチウム（アルキルリチウム）の性状について考える場合は，前問のアルキルアルミニウムに準じて考えればいいので，(2)〜(5)は正しいというのがわかると思いますが，(1)に関しては，赤褐色の結晶ではなく**黄褐色の液体**です（「水より軽い」は正しい）。

アルカリ金属およびアルカリ土類金属 （本文P.105）

【問題12】

　　リチウムの性状について，次のうち誤っているものはどれか。

(1)　銀白色の軟らかい金属である。

(2)　金属の中で最も軽い。

(3)　空気に触れると直ちに発火する。

(4)　高温で燃焼して酸化物を生じる。

(5)　ハロゲンとは激しく反応し，ハロゲン化物を生ずる。

解説

　一般に，第3類の危険物は，自然発火性と禁水性の両方の性状を有していますが，このリチウムには，自然発火性の性状はなく（⇒自然発火性の試験において一定の性状を示さない，ということ。なお，粉末状の場合は常温で発火することがあります。）**禁水性**の性状のみなので，(3)が誤りです。

【問題13】

　　リチウムについて，次のうち誤っているものはどれか。

(1)　粉末状のものが空気と混合すると，自然発火することがある。

(2)　水とは，ナトリウムよりも激しく反応する。

(3)　カリウムやナトリウムより比重が小さい。

(4)　空気中で加熱すると，深紅色または深赤色の炎を出して燃える。

(5)　火災の場合，水を使用することはできない。

解説

解答

【問題10】　(2)　　　【問題11】　(1)

⑴　前問の解説より，正しい。

⑵　リチウムは水とは激しく反応しますが，アルカリ金属では"別格扱い"のカリウムやナトリウムよりは反応性は低いので，誤りです。

⑶　前問の⑵にも出てきましたが，リチウムはすべての金属中で一番軽い，つまり，比重が一番小さいので，当然，カリウムやナトリウムよりも比重は小さくなり，正しい。

⑷　正しい。

⑸　リチウムは水と激しく反応して**水素**を発生し，発火する危険性があるので，正しい。

【問題14】

　　バリウムの性状について，次のうち誤っているものはどれか。

⑴　淡黄色の油状の液体である。

⑵　ハロゲンとは常温（20℃）で激しく反応し，ハロゲン化物を生成する。

⑶　炎色反応は黄緑色を呈する。

⑷　水素とは高温で反応し，水素化バリウムを生じる。

⑸　粉末状のものが空気と混合すると，自然発火することがある。

 解説 ━━━━━━━━━━━━━━━━━━━━━━━━━━━━━━

　バリウムなどのアルカリ金属やアルカリ土類金属は，いずれも**銀白色**の軟らかい金属（**固体**）です。

【問題15】

　　バリウムについて，次のうち誤っているものはどれか。

⑴　常温（20℃）で水と激しく反応し，酸素を発生する。

⑵　消火の際は，乾燥砂等を用いて窒息消火する。

⑶　水より重い。

⑷　空気中で常温（20℃）で表面が酸化される。

⑸　灯油中に貯蔵し，冷暗所に保管する。

 解説 ━━━━━━━━━━━━━━━━━━━━━━━━━━━━━━

━━━━━━━━━━━━━━━━━ 解答 ━━━━━━━━━━━━━━━━━

【問題12】　⑶　　【問題13】　⑵

（1）　アルカリ金属，アルカリ土類金属は，水と反応しますが，その際発生するガスは酸素ではなく**水素**なので，誤りです。

（2）　アルカリ金属，アルカリ土類金属の消火に注水は厳禁で，乾燥砂等を用いて窒息消火をします。正しい。

（3）　リチウム，カリウム，ナトリウムなどは水より軽いですが，バリウムは水より重い（比重：3.5）ので，正しい。

黄りん（本文 P.106）

【問題16】　 特急★★

黄りんの性状について，次のうち誤っているものはどれか。

(1)　淡黄色の固体である。

(2)　無機物とはほとんど反応しない。

(3)　水酸化ナトリウムなどの強アルカリ溶液と反応して，りん化水素を発生する。

(4)　暗所では青白色の光を発する。

(5)　酸化されやすい物質である。

解説 ----------------------------------

（2）　黄りんは，無機物である酸化剤とは激しく反応して発火する危険性があります。

（3）　なお，濃硝酸と反応した場合は，**りん酸**を生じます。

【問題17】　 急行★

黄りんの性状について，次のうち誤っているものはどれか。

(1)　比重が1より大きく，猛毒性を有する固体である。

(2)　水とは激しく反応する。

(3)　空気中に放置すると徐々に発熱し，発火に至る。

(4)　水やアルコールには溶けないが，二硫化炭素やベンゼンには溶ける。

(5)　ニラのような不快臭がある。

解説 ----------------------------------

解答

【問題14】　(1)　　【問題15】　(1)

黄りんは，自然発火性の物質ではありますが，他の第3類の危険物のように禁水性ではなく，**水とは反応しないので**，(2)が誤りです。

なお，(4)は重要ポイントです。

【問題18】 急行★

　　黄りんの性状として，次のうち誤っているものはいくつあるか。

A　燃焼すると，十酸化四りん（五酸化二りん）になる。

B　赤りんに比べて安定している。

C　白色又は淡黄色のロウ状の固体である。

D　酸化物とはほとんど反応しない。

E　湿った空気中では徐々に酸化され，その酸化熱が蓄積されて自然発火を起こす。

　　(1)　1つ　　　(2)　2つ　　　(3)　3つ　　　(4)　4つ　　　(5)　5つ

解説

　A　黄りんが燃焼すると，有毒な十酸化四りん（五酸化二りん）を発生します。なお，十酸化四りんの化学式は P_4O_{10} です。

　B　黄りんは，赤りんに比べて不安定です。

　C　正しい。

　D　黄りんは，酸化物と接触すると爆発することがあるので，誤りです。

　E　黄りんは酸化されやすく，空気中に放置すると約50℃で発火するので，正しい。なお，固型状より，粉末状の方が自然発火しやすくなります。

　従って，誤っているのは，B，Dの2つということになります。

【問題19】 急行★

　　黄りんを貯蔵し，または取り扱う際の注意事項として，次のうち誤っているものはどれか。

(1)　発火点は50℃程度と極めて低いので注意して取り扱う。

(2)　空気中で徐々に酸化され，自然発火を起こす危険性があるので，水中に貯蔵する。

(3)　酸化剤との接触を避ける。

解答

【問題16】　(2)　　　【問題17】　(2)

(4) 皮膚をおかすことがあるので，触れないようにする。

(5) 水中で徐々に酸化され，水を酸性に変えるので，保護液を強アルカリ性
に保つようにする。

　黄りんは，(2)の記述のように水中に貯蔵する必要がありますが，(5)のよう
に，保護液は強アルカリ性ではなく，**弱**アルカリ性に保つ必要があります。

【問題20】　　特急★★

　**黄りんの貯蔵，取扱いに関する次のA〜Dについて，正誤の組合わ
せとして，正しいものはどれか。**

A　直射日光を避け，冷暗所に貯蔵する。

B　有毒な可燃性ガスを発生するので，アルカリとは接触しないようにす
る。

C　空気に触れないようにベンゼン溶液中に密封して貯蔵する。

D　毒性はきわめて強く，皮膚等に触れないよう取扱いには十分注意する。

	A	B	C	D
(1)	○	○	×	○
(2)	○	×	○	○
(3)	×	○	×	×
(4)	×	×	×	○
(5)	×	○	○	×

注：表中の○は正，×は誤を表すものとする。

A　正しい。

B　アルカリと接触すると，有毒な**りん化水素**を発生するので，正しい。

C　ベンゼン溶液中ではなく，**弱アルカリ性**の水中に貯蔵する必要があるの
で，誤りです。

―――――――――――――　解答　―――――――――――――

【問題18】　(2)

D　正しい。

従って，Aが○，Bが○，Cが×，Dが○となるので，⑴が正解となります。

【問題21】 特急 ★★

　黄りんの消火方法として，次のうち適切でないものはいくつあるか。

A　高圧で注水する。

B　泡消火剤を放射する。

C　二酸化炭素消火剤を放射する。

D　乾燥砂で覆う。

E　噴霧注水を行う。

　　⑴　1つ　　　⑵　2つ　　　⑶　3つ　　　⑷　4つ　　　⑸　5つ

解説

　黄りんの火災には，噴霧注水，乾燥砂，泡消火剤，粉末消火剤などを放射して消火するので，A，Cが不適切です。

有機金属化合物 （本文 P.106）

【問題22】 特急 ★★

　ジエチル亜鉛の性状について，次のうち誤っているものはどれか。

⑴　無色の液体である。

⑵　空気中で容易に酸化され，自然発火する。

⑶　水や酸およびアルコールなどと反応して可燃性ガスを発生する。

⑷　ジエチルエーテルやベンゼンに溶ける。

⑸　水に浮く。

解説

⑵　ジエチル亜鉛は，空気に触れると自然発火する自然発火性物質です。

⑶　水や酸およびアルコールなどと反応して可燃性の**エタンガス**を発生します。

⑷　その他，**トルエンやヘキサン**などの**有機溶媒**にも溶けます。

⑸　ジエチル亜鉛の比重は**1.21**であり，水には浮かないので，誤りです。

解答

【問題19】　⑸　　　【問題20】　⑴

【問題23】 急行★

ジエチル亜鉛について，次のA〜Eのうち誤っているものはいくつ
あるか。

A　無色透明の液体である。

B　水と激しく反応して，水素ガスを発生し，発火する。

C　常温（20℃）で引火することはない。

D　窒素等の不活性ガス中で貯蔵する。

E　消火には粉末消火剤を使用する。

(1)　1つ　　(2)　2つ　　(3)　3つ　　(4)　4つ　　(5)　5つ

解説 ━━━━━━━━━━━━━━━━━━━━━━━━━━━━

A　正しい。

B　前問の(3)より，ジエチル亜鉛は水や酸およびアルコールなどと反応し
て，水素ではなく可燃性の**エタンガス**を発生するので，誤りです。

C　ジエチル亜鉛は爆発性で引火性の高い物質なので，誤りです。

D　空気や水と接触しないよう，窒素等の不活性ガス中で貯蔵する必要があ
るので，正しい。

E　ジエチル亜鉛の消火には注水は厳禁で，<u>粉末消火剤が有効</u>なので，正し
い。

従って，誤っているのはB，Cの2つということになります。

金属の水素化物 （本文P.107）

【問題24】 急行★

水素化ナトリウムの性状について，次のうち誤っているものはどれ
か。

(1)　灰色の結晶である。

(2)　毒性はほとんどない。

(3)　還元性が強く，金属塩化物，金属酸化物から金属を遊離する。

(4)　高温でナトリウムと水素に分解する。

(5)　空気中の湿気で自然発火することがある。

━━━━━━━━━━━━━━━━ 解答 ━━━━━━━━━━━━━━━━

【問題21】　(2)　　【問題22】　(5)

水素化ナトリウムは有毒です。

【問題25】

　　水素化ナトリウムの性状について，次のうち誤っているものはどれか。

(1)　鉱油中では安定である。

(2)　乾燥した空気中では安定している。

(3)　水と爆発的に反応して，水素を発生する。

(4)　常温（20℃）では粘性のある液体である。

(5)　還元性が強く，酸化剤と混合すると加熱や摩擦等により発火する。

(1)　保護媒体としては，**鉱油中**や**流動パラフィン**が適しています。

(4)　水素化ナトリウムは，液体ではなく**灰色の結晶性粉末**です。

【問題26】

　　水素化リチウムの性状について，次のうち誤っているものはどれか。

(1)　水よりも軽い。

(2)　空気中の湿気により自然発火するおそれがある。

(3)　二酸化炭素とは激しく反応するので消火には使用できない。

(4)　酸化性が強い。

(5)　水と反応して水素を発生する。

水素化リチウムは，水素化ナトリウム同様，**還元性**の強い物質です。

金属のりん化物（本文 P. 107）

【問題27】　　急行★

　　りん化カルシウムの性状について，次のうち誤っているものはどれか。

───────── 解答 ─────────

【問題23】　(2)　　【問題24】　(2)

124　第2編　各類ごとの性状

(1) 暗赤色の結晶（粉末）または灰色の固体である。

(2) 特有の臭気がある。

(3) 乾いた空気中で，容易に自然発火する。

(4) 火災の際に，有毒な酸化物が生じる。

(5) 水や酸と反応して，可燃性の気体（りん化水素）が発生する。

 解説

りん化カルシウムは**自然発火性**（および**禁水性**）の物質ですが，それは，空気中の湿気などの水分と反応して（猛毒で）自然発火性のりん化水素を発生するからであり，(3)のような湿気のない乾いた空気中では自らは**不燃性**なので，自然発火はしません。

カルシウムおよびアルミニウムの炭化物 （本文 P.108）

【問題28】 急行★

　　炭化カルシウムの性状について，次のうち誤っているものはどれか。

(1) 別名カーバイトともいい，純粋なものは白色の固体である。

(2) 水と反応して発熱する。

(3) 高温では強い酸化性を有し，多くの物質を酸化する。

(4) 比重は1より大きい。

(5) 吸湿性がある。

 解説

(2) 水と反応して発熱し，可燃性で爆発性のアセチレンガスを発生します。

　なお，そのアセチレンガスが，**銅**（その他，銀，水銀など）と接触すると，**爆発性物質を作る**ので，大変危険です（⇒出題例あり）。

(3) 炭化カルシウムを高温にすると，酸化性ではなく**還元性**を有し，多くの酸化物を**還元**します。

(4) 炭化カルシウムの比重は2.22で1より大きいので，正しい。

解答

【問題25】 (4)　　【問題26】 (4)

【問題29】

　　炭化カルシウムの性状等について，次のうち誤っているものはどれか。

(1)　一般に流通しているものは，不純物として硫黄，りん，窒素，けい素等を含んでいる。

(2)　通常は灰色または灰黒色の塊状の固体である。

(3)　融点は1,000℃より高い。

(4)　水と作用して発生する可燃性気体は無色の気体で空気より軽く，爆発範囲は極めて広い。

(5)　乾燥した空気中では常温（20℃）において酸素と化合し，酸化カルシウムとなる。

 解説 ━━━━━━━━━━━━━━━━━━━━━━━━━━━━━━━━

　(1)，(2)　炭化カルシウムの純品は，無色（または白色）ですが，一般に流通しているものは，硫黄やりんなどの不純物を含んでいるので，**灰色の固体**です。

　(3)　正しい。

　(4)　炭化カルシウムは水と作用して**アセチレンガス**を発生し，**水酸化カルシウム（消石灰）**となります。そのアセチレンガスは，**無色の気体**で**空気より軽く**，**爆発範囲も広い**（2.5〜81 vol％）ので正しい（下線部⇒「重い」という出題あり）。

　(5)　炭化カルシウムは不燃性であり，常温（20℃）で酸素とは化合しないので，誤りです。なお，酸化カルシウムとは生石灰のことです。

　なお，不燃性なので「**火を近づけると燃える**」も誤りなので，要注意。

【問題30】

　　炭化アルミニウムについて，次の文の下線部A〜Cのうち，誤っているものはどれか。

　「純粋なものは常温（20℃）で無色の結晶だが，通常は（A）銀色を呈していることが多い。触媒や乾燥剤，（B）還元剤などとして使用される。また水と作用して（C）エタンを発生し，発熱する。」

━━━━━━━━━━━━━━━━　解答　━━━━━━━━━━━━━━━━

【問題27】　(3)　　【問題28】　(3)

(1)（A）　　(2)（B）　　(3)（C）　　(4)（A），（C）　　(5)（B），（C）

 解説 ━━━━━━━━━━━━━━━━━━━━━━━━━━━━━━━━

　　炭化アルミニウムは，通常は（A）黄色を呈していることが多く，また，水と作用して（C）メタンを発生します。

トリクロロシラン （本文 P.109）

【問題31】

　　トリクロロシランの性状について，次の文の下線部（A）～（D）のうち，誤っているものはどれか。

　「トリクロロシランは，常温（20℃）において（A）無色の（B）液体で，引火点は常温（20℃）より低いが，燃焼範囲が（C）狭いため，引火の危険は低い，しかし，（D）水と反応して，塩化水素を発生するので危険である。」

(1)（A）　　(2)（B）　　(3)（C）　　(4)（C），（D）　　(5)（D）

 解説 ━━━━━━━━━━━━━━━━━━━━━━━━━━━━━━━━

　　トリクロロシランは，有毒で揮発性のある**無色の液体**で，その蒸気と空気の混合ガスは広い範囲で爆発性を有するので，燃焼範囲は**広く**，引火の危険性は**高い**ので，（C）が誤りです。

第4章 第5類の危険物

　よく出題されているものから説明すると，**アジ化ナトリウム**，**ジアゾジニト
ロフェノール**については，性状，貯蔵及び取扱い方法ともによく出題されてい
るので，確実に把握しておく必要があります。

　また，**過酢酸**については，性状を中心に，**メチルエチルケトンパーオキサイ
ド**と**ニトロセルロース**については，貯蔵及び取扱い方法を中心によく出題され
ているので，こちらも確実に把握しておく必要があります。

　その他，**過酸化ベンゾイル**，**ジニトロソペンタメチレンテトラミン**，**硝酸エ
チル**，**硝酸グアニジン**なども性状等を中心にたまに出題されているので，これ
らもそのあたりを中心にしてよく把握しておく必要があるでしょう。

　なお，**セルロイド**，**ピクリン酸**，**トリニトロトルエン**，**硫酸ヒドラジン**につ
いては，ごくたまに出題されている程度です。

① 第5類の危険物に共通する特性

第5類危険物は，自身の内部に酸素を含む自己反応性の物質です。

（1）共通する性状

① 可燃性の**固体**または**液体**である。

② 水より**重い**（比重が**1より大きい**。）

③ 分子内に**酸素を含有している自己反応性物質**である（⇒ **可燃物と酸素供給源が共存している**）。

④ 燃焼速度がきわめて**速い**。

⑤ **加熱，衝撃**または**摩擦等**により，発火，爆発することがある。

⑥ **自然発火**を起こすことがある（ニトロセルロースなど）。

⑦ **引火性**を有するものがある（硝酸エチルなど）。

⑧ **水**とは反応しない。

⑨ 金属と反応して**爆発性の金属塩**を生じるものがある。

第5類の危険物は，自身の内部に**可燃物と酸素**があるという，きわめて危険性が高い危険物で，非常に燃焼しやすく，消火が困難な物質です。

（2）貯蔵および取扱い上の注意

① **火気**や**加熱**などを避ける。

② **密栓**して**通風のよい冷所**に貯蔵する。

③ **衝撃，摩擦**などを避ける。

④ 分解しやすい物質は，特に**室温，湿気，通風**に注意する。

⑤ **乾燥**させると危険な物質があるので，注意する。

（3）共通する消火の方法

第5類の危険物は爆発的に燃焼するため，消火は困難（特に多量の場合は，非常に困難）ですが*，アジ化ナトリウム以外は，**水系（大量の水や泡消火剤など）**の消火剤で消火します（⇒ **二酸化炭素，ハロゲン化物，粉末は不可**）。

第5類危険物は，可燃物と酸素供給源が共存しているため，窒息消火は効果がありません。

第5類の危険物に共通する特性の問題と解説

共通する性状

【問題1】 特急 ★★

第5類の危険物の性状について，次のうち誤っているものはどれか。

(1) 比重は1より大きい。

(2) いずれも可燃性の固体で，水には溶けない。

(3) 空気中に長時間放置すると分解が進み，自然発火するものがある。

(4) 可燃性物質であり，燃焼速度がきわめて速い。

(5) 内部（自己）燃焼を起こしやすい。

解説 ━━━━━━━━━━━━━━━━━━━━━━━━━━━━━━━━━━━

(2) 第5類危険物は，可燃性の液体または固体で，過酢酸やピクリン酸のように水に溶けるものもあります。

(3) ニトロセルロースは，日光の直射により分解が進み，自然発火する危険性があるので，正しい。

【問題2】 急行 ★

第5類の危険物に共通する性状について，次のうち誤っているものはどれか。

(1) 常温（20℃）では，固体または液体である。

(2) 水と反応して水素を発生する。

(3) 引火点を有するものがある。

(4) 酸素を含有せず，分解し，爆発するものがある。

(5) 重金属と作用して爆発性の金属塩を形成するものがある。

解説 ━━━━━━━━━━━━━━━━━━━━━━━━━━━━━━━━━━━

(2) 第5類危険物は水とは反応しません。

(3) **過酢酸**や**メチルエチルケトンパーオキサイド**，**硝酸エチル**などは引火点を有するので，正しい。

(4) **アジ化ナトリウム**や**アゾビスイソブチロニトリル**は酸素を含有していま

━━━━━━━━━━━━━━━ 解答 ━━━━━━━━━━━━━━━

解答は次のページの下欄にあります。

せんが，急激な加熱により分解して爆発する危険性があります。

(5)　**アジ化ナトリウム**は，水があれば重金属と作用して**爆発性の金属塩（ア
ジ化物）**を形成するので，正しい。

【問題3】

　第5類の危険物の一般的性状について，次のうち誤っているものは
どれか。

(1)　長時間のうちに自然発火するものがある。

(2)　長時間のうちに重合が進み，次第に性質が変化していくものが多い。

(3)　有機化合物が多い。

(4)　加熱や衝撃により着火し，爆発するものが多い。

(5)　強い酸化作用を有するものがある。

(1)　問題1の(3)より正しい。

(2)　第4類危険物の酸化プロピレンには重合しやすい性質がありますが，第
5類危険物には，一般的にこのような性状はないので，誤りです。

(3)　アジ化ナトリウム（NaN_3）のように無機化合物もありますが，第5類
危険物のほとんどは**有機化合物**（化学式にCを含む）なので，正しい。

(4)　正しい。

(5)　過酸化ベンゾイルをはじめとして，メチルエチルケトンパーオキサイ
ド，過酢酸などの有機過酸化物は強い酸化作用を有するので，正しい。

共通する貯蔵及び取扱い方法

【問題4】　特急 ★★

　第5類の危険物に共通する貯蔵，取扱いの技術上の基準について，
次のうち誤っているものはどれか。

(1)　水分と反応しないよう，できるだけ乾燥した状態で貯蔵する。

(2)　火気又は加熱などをさける。

(3)　通風や換気のよい冷所に貯蔵する。

(4)　危険物の温度が分解温度を超えないように注意して貯蔵する。

解答

【問題1】　(2)　　　【問題2】　(2)

(5)　加熱，衝撃または摩擦を避けて取り扱う。

　分解しやすいものは水分などに注意する必要はありますが，過酸化ベンゾイルやピクリン酸などのように，乾燥した状態をさけて貯蔵しなければならない物質もあるので，(1)が誤りです。

【問題5】　　急行★

　　第5類の危険物に共通する貯蔵，取扱いの注意事項として，次のA～Eのうち正しいものはいくつあるか。

　A　廃棄する場合は，できるだけひとまとめにして土中に埋没する。

　B　分解しやすい物質は，特に室温，湿気，通風に注意する。

　C　取り扱う場所には，必要最低限の量を置くようにする。

　D　貯蔵する容器は，すべて密栓する。

　E　断熱性の良い容器に貯蔵する。

　　(1)　1つ　　　(2)　2つ　　　(3)　3つ　　　(4)　4つ　　　(5)　5つ

　A　まとめずに廃棄する必要があるので，誤りです。

　B　正しい。

　C　正しい。

　D　第5類危険物のほとんどは，密栓して貯蔵しますが，**メチルエチルケトンパーオキサイド**のように，容器にガス抜き口を設けて通気性をもたせるものもあるので，誤りです。

　E　誤り。**ニトロセルロース**のように分解しやすいものは，蓄熱しないよう，通気性のよい容器に貯蔵する必要があるので，誤りです。

　従って，正しいのは，B，Cの2つになります。

【問題6】

　　第5類の危険物の貯蔵，取扱いにおいて，金属との接触を特に避けなければならないものは，次のうちどれか。

───────────────　解答　───────────────

【問題3】　(2)

(1)　硝酸エチル　　　(2)　セルロイド
(3)　ピクリン酸　　　(4)　硝酸メチル
(5)　トリニトロトルエン

 解説

　ピクリン酸は，金属と作用して爆発性の金属塩を生じるので，特に，金属との接触を避ける必要があります。

消火方法

【問題 7 】

**　第 5 類の危険物の消火について，次のうち誤っているものはどれか。**
(1)　一般に，酸素を含有しているので，窒息消火は効果がない。
(2)　泡消火設備で消火する。
(3)　危険物が多量に燃えている場合は，消火が非常に困難となる。
(4)　ハロゲン化物消火設備は効果的である。
(5)　スプリンクラー設備で消火するのは効果がある。

 解説

　第 5 類の危険物に二酸化炭素，粉末，ハロゲン化物消火設備は効果がありません。

　なお，第 5 類の危険物は，燃焼速度がきわめて速いため，消火が非常に困難な物質ですが，一般的には，**大量の水か泡消火剤**によって消火します。

【問題 8 】　特急 ★★

**　第 5 類の危険物（金属のアジ化物を除く）の火災に共通して消火効果が期待できる消火設備は，次の A ～ E のうちいくつあるか。**
A　水噴霧消火設備
B　二酸化炭素消火設備
C　屋外消火栓設備
D　泡消火設備
E　ハロゲン化物消火設備

解答

【問題 4 】　(1)　　【問題 5 】　(2)

(1)　1つ　　(2)　2つ　　(3)　3つ　　(4)　4つ　　(5)　5つ

 解説 ┉━━━━━━━━━━━━━━━━━━━━━━━━━━━━━━━━

　前問の解説より，第5類の危険物には一般的には水系の消火剤*なので，A
の水噴霧消火設備とCの屋外消火栓設備，そしてDの泡消火設備の3つという
ことになります（＊水系なので，**屋内消火栓設備**や**スプリンクラー設備**も有効
です）。

　なお，Bの**二酸化炭素**は窒素などとともに**不活性ガス**と呼ばれ，主に窒息効
果によって消火するので，一般に自身に酸素を含有している第5類危険物には
適応しません（注：Eのハロゲン化物は不活性ガス消火設備ではありません）。

> **重要**
> 第5類危険物に不活性ガス消火設備（**二酸化炭素**）は適応しない。

【問題9】　
　　第5類の危険物の火災の消火について，危険物の性質に照らして，
水を用いることが適切でない物質は，次のうちどれか。
(1)　メチルエチルケトンパーオキサイド
(2)　ニトロセルロース
(3)　ピクリン酸
(4)　アジ化ナトリウム
(5)　ジニトロソペンタメチレンテトラミン

 解説 ┉━━━━━━━━━━━━━━━━━━━━━━━━━━━━━━━━

　第5類危険物は自身に**酸素**を含有し，**燃焼速度が速い**ので，消火が非常に困
難な物質ですが，一般的には**大量の水**で冷却するか，あるいは，**泡消火剤**で消
火をします。

　ただし，アジ化ナトリウムは，火災時の熱により分解して金属ナトリウムと
なり，この金属ナトリウムに注水すると，水が分解されて**水素**を発生するの
で，**注水は厳禁**です（⇒発生した水素が燃焼するので）。

━━━━━━━━━━━━━━━━━━ 解答 ━━━━━━━━━━━━━━━━━━
【問題6】　(3)　　　【問題7】　(4)　　　【問題8】　(3)　　　【問題9】　(4)

② 第5類に属する各危険物の特性

第5類危険物に属する品名および主な物質は，次のようになります。

表1

（⑯は結晶、⑯は固体、⑯は粉末、⑯は溶ける。△は少溶。）

品 名	物質名（化学式） （△は液体，●印は無機化合物）	形状	比重	引火点	水溶性	アルコール	消火
①有機過酸化物	過酸化ベンゾイル（（C₆H₅CO)₂O₂）	白結	1.33		×	溶	
	△エチルメチルケトンパーオキサイド（CH₃C₂H₅CO₂)₂）	無液	1.12	72℃		溶	水
	△過酢酸（CH₃COO₂H）	無液	1.15	41℃	○	溶	
②硝酸エステル類	△硝酸エチル（C₂H₅NO₃）	無液	1.11	10℃	△	溶	
	△硝酸メチル（CH₃NO₃）	無液	1.22	15℃	×	溶	困難
	△ニトログリセリン（C₃H₅(ONO₂)₃）	無液	1.6		△	溶	
	ニトロセルロース（[(C₆H₇(ONO₂)₃)]n）	無固	1.7		×		水
③ニトロ化合物	ピクリン酸（C₆H₂(NO₂)₃OH）	黄結	1.77	207℃	○	溶	水
	トリニトロトルエン（C₆H₂(NO₂)₃CH₃）	黄結	1.65		×	溶	（難）
④ニトロソ化合物	ジニトロソペンタメチレンテトラミン（C₅H₁₀N₆O₂）	淡黄粉			△	△	水
⑤アゾ化合物	アゾビスイソブチロニトリル	白粉			△	△	水
⑥ジアゾ化合物	ジアゾジニトロフェノール（C₆H₂N₄O₅）	黄粉	1.63		△		困難
⑦ヒドラジンの誘導体	●硫酸ヒドラジン（NH₂NH₂・H₂SO₄）	白結	1.37		温水○		水
⑧ヒドロキシルアミン	●ヒドロキシルアミン（NH₂OH）	白結	1.20		○	溶	水
⑨ヒドロキシルアミン塩類	●硫酸ヒドロキシルアミン（H₂SO₄・(NH₂OH)₂）	白結	1.90		○		水
	●塩酸ヒドロキシルアミン（HCl・NH₂OH）	白結	1.67		○	△	
⑩その他のもので政令で定めるもの	●アジ化ナトリウム（NaN₃）	無結	1.85		○		砂
	硝酸グアニジン（省略）	白結	1.44		○	溶	水

第4章

第5類の危険物

（1）有機過酸化物 （問題 P.145）

　有機過酸化物とは，過酸化水素（H_2O_2）の1個または2個の水素原子を（有機原子団で）置換した化合物で，分子中の酸素・酸素結合（$-O-O-$）の結合力は**弱い**ので，非常に**分解しやすい**性質があります。

表2

種　　類	性　　状	貯蔵，取扱いおよび消火方法
過酸化ベンゾイル（過酸化<u>ジ</u>ベンゾイルともいう） ⌒⌒　**急行**★ （$(C_6H_5CO)_2O_2$） 〈比重：1.33〉 発火点 ⇒　125℃	1．**白色**または**無色の結晶**である。 2．水には**溶けない**が，有機溶剤には溶けやすい。 3．強力な**酸化作用**がある。 4．**日光**によって**分解**される。 5．**加熱や衝撃，摩擦等**によっても分解する。 6．**乾燥**すると危険性が増す。 7．常温（20℃）では安定しているが，加熱すると100℃前後で分解し，**有毒ガス**を発生する。 8．**強酸**（濃硫酸や硝酸など）や有機物および**アミン類**と接触すると，分解して爆発するおそれがある。	「5類共通の貯蔵，取扱い法」 ⇒　**火気，衝撃，摩擦等**を避け，**密栓**して換気のよい冷所に貯蔵する。 ＋ 1．**日光**に当てない。 2．**湿らせる**などして**乾燥**させないこと（自然発火，爆発するため）。 3．**強酸や有機物**と接触しないようにする。 ＝＝＝**＜消火方法＞**＝＝＝ 「5類に共通する消火方法」 ⇒　水系（大量の水か泡消火剤）
エチルメチルケトンパーオキサイド（メチルエチルケトンパーオキサイドともいう）（$(CH_3C_2H_5CO_2)_2$） ⌒⌒　**急行**★ 〈比重：1.12〉 引火点 ⇒　50℃	1．**無色透明の液体**である。 2．特有の臭気がある油状（＝粘性がある）の液体である。 3．水には**溶けない**が，ジエチルエーテルには溶ける。 4．**鉄，ぼろ布，アルカリ等**と接触すると，著しく分解が促進される。 5．**日光**によって**分解**される。 6．**加熱や衝撃，摩擦等**によっても分解する。 7．**引火性**である。 8．高純度のものは危険性が高いので，市販品は**ジメチルフタレート**などの希釈剤で50～60％に希釈されている。	過酸化ベンゾイルに同じであるが，容器は密栓せず，**通気性をもたせる**（内圧上昇によって分解が促進されるのを**防ぐため**）。

過酢酸 （CH₃COO₂H） 〈比重：1.15〉 **引火点** ⇒　41℃ 発火点 ⇒　200℃	1．**無色透明の液体で水やアル** 　　**コール，エーテルによく溶ける。** 2．**有毒**で強い刺激臭の**強酸化剤** 3．**引火性**がある（⇒空気と混 　　合して，引火性，爆発性の気 　　体を生成）。 4．加熱すると分解して刺激性 　　の煙とガスを発生し，**110℃で** 　　**爆発する**（⇒出題例あり）。 5．**多くの金属を侵し**，また， 　　皮膚，粘膜を刺激する。 6．摩擦，衝撃等により**分解する。**	過酸化ベンゾイルに準じる。 （ステンレス鋼製ドラム缶やガ ラスびんで貯蔵する）

（2）硝酸エステル類 （問題P.149）

硝酸エステル類とは，硝酸の水素原子を**アルキル基**で置き換えた化合物の総称。

> 縮合：2つ以上の分子が結合する際に，水などの小さな分子が取れて結合
　　　する反応のこと
> エステル：酸（A−OH）とアルコール（R−OH）から水がとれて結合し
　　　　　たもの（または，カルボン酸〈カルボキシル基−COOH−をも
　　　　　つ有機化合物〉とアルコールの縮合によって生じる化合物）。
　　　　このエステルが生成する反応を**エステル化**といいます。

第5類の危険物

表3

種　類	性　　状	貯蔵，取扱い及び消火方法
硝酸エチル （C₂H₅NO₃） 〈比重：1.11〉 引火点 　⇒　10℃	1．**無色透明の液体である。** 2．水より重く水に少し**溶け** 　　**る。** 3．アルコールには溶ける。 4．**芳香臭，甘味**がある。 5．引火点が低いので引火しや 　　すく，爆発しやすい。	「5類共通の貯蔵取扱い法」 ⇒　**火気，衝撃，摩擦等**を 　避け，**密栓**して換気のよ 　い**冷所**に貯蔵する。 ＋ **日光に当てない。** ＝＝＝＜消火方法＞＝＝＝ 消火は困難である。
硝酸メチル （CH₃NO₃） 〈比重：1.22〉 引火点 ⇒　15℃	同　　　上 （ただし，**水には溶けないが，** アルコールのほか，ジエチルエ ーテルには溶ける。）	同　　　　上

・引火点が<u>常温（20℃）</u>より低いのは，　　**硝酸エチル**と**硝酸メチル**だけ！

表 4

種　類	性　　　状	貯蔵，取扱い及び消火方法
ニトロセルロース $[C_6H_7O_2(ONO_2)_3]_n$ 📣 急行 ★ 〈比重：1.7〉 （別名，硝化綿ともいい，**セルロースを濃硫酸と濃硝酸の混合液に浸けて得られる**，きわめて可燃性の大きい物質で，ラッカーや火薬などに用いられている。 なお，ニトロセルロースと樟脳から**セルロイド**が生成されます。）	1．**無色（または白色）無臭の綿状の固体である。** 2．**水やアルコールに溶けない**が，有機溶剤には溶ける。 3．**窒素含有量が多いほど爆発する危険性が大きくなる。** 4．**窒素含有量（硝化度という）の大小によって強綿薬（強硝化綿）と弱綿薬（弱硝化綿）に分けられる。** 5．**強綿薬はジエチルエーテルとアルコールの混液に溶けない**が，**弱綿薬は溶ける。** 6．**弱硝化綿をジエチルエーテルとアルコールに溶かしたもの**がラッカー等の原料となる**コロジオン**である。 7．（精製が悪く酸が不純物として残っている場合） 　　**加熱，衝撃および日光など**によって**自然分解**し，**自然発火**することがある。	「5類共通の貯蔵，取扱い法」 ⇒　**火気，衝撃，摩擦等を**避け，**密栓して換気のよい冷所に貯蔵する。** ＋ 1．乾燥が進むと自然発火する危険性があるので，保護液（**アルコールや水**など）を含ませて**湿潤な状態にして貯蔵**する。 2．日光に当てない。 ＝＝＝＜消火方法＞＝＝＝ **大量注水や水系の消火剤で消火**する。
ニトログリセリン $(C_3H_5(ONO_2)_3)$ 〈比重：1.6〉 （ダイナマイトの原料）	1．**無色の油状液体である。** 2．**甘味があり有毒である。** 3．**水にほとんど溶けない**が，有機溶剤には溶ける。 4．**加熱，衝撃および凍結**（8℃で凍結し，液体よりも危険）などによって**爆発する危険性がある。** 5．漏出した場合は，**水酸化ナトリウム（カセイソーダ）のアルコール溶液で分解**し，布で拭き取る（分解して非爆発性になる）。	「5類共通の貯蔵，取扱い方法」 ⇒　**火気，衝撃，摩擦等を**避け，**密栓して換気のよい冷所に貯蔵する。** ＝＝＝＜消火方法＞＝＝＝ **燃焼が爆発的なので，消火は困難である。**

（注：ニトロセルロース，ニトログリセリンとも「ニトロ」という名称が付いていますが，ニトロ化合物ではなく硝酸エステル類なので，間違わないように！）

（3）ニトロ化合物 （問題 P. 154）

有機化合物内の水素（H）をニトロ基（−NO₂）で置き換えることを**ニトロ化**といいますが，その結果生じた化合物を**ニトロ化合物**といいます。

表5

種　類	性　　状	貯蔵，取扱い及び消火方法
ピクリン酸 ／⊙⊙〜 **急 行**★ [$C_6H_2(NO_2)_3OH$] （別名：トリニトロフェノール） 〈比重：1.77〉 引火点 ⇒207℃ 発火点 ⇒320℃	1．**黄色の結晶で引火性がある。** 2．**無臭で苦味があり有毒である。** 3．**水やアルコール，ジエチルエーテルなどに溶ける。** 4．**酸性のため金属と反応して爆発性の金属塩となる。** 5．急激に熱すると**発火，爆発**するおそれがある。 6．**乾燥すると，危険性が増加する。** 7．**衝撃，摩擦等により，発火，爆発の危険性がある（アルコールやよう素，硫黄，ガソリンなどと混合したものはより激しく発火，爆発の危険性がある）。**	「5類共通の貯蔵，取扱い法」 ⇒ **火気，衝撃，摩擦**等を避け，**密栓して換気のよい冷所に貯蔵する。** ＋ 1．**金属や酸化されやすい物質（硫黄など）との接触を避ける。** 2．**乾燥させた状態で貯蔵，取扱わない（⇒水に湿らせて貯蔵）。** ＝＝＝＜消火方法＞＝＝＝ **大量注水**で消火する（一般に消火は困難である）。
トリニトロトルエン （別名：**TNT**） [$C_6H_2(NO_2)_3CH_3$] 〈比重：1.65〉 発火点 ⇒230℃	1．**淡黄色の結晶である。** 2．ピクリン酸よりはやや安定である。 3．水には**溶けない**が，熱するとアルコール，ジエチルエーテルなどに溶ける。 4．**金属とは反応しない。**（この点がピクリン酸と異なる！） 5．急激に熱すると発火，爆発するおそれがある。 6．**衝撃，摩擦等**により，発火，爆発の危険性がある。	「5類共通の貯蔵，取扱い法」 ⇒ **火気，衝撃，摩擦**等を避け，**密栓して換気のよい冷所に貯蔵する。** ＋ 固体よりも熱で**溶融**したものの方が衝撃に対して敏感なので，取り扱う際には注意する。 ＝＝＝＜消火方法＞＝＝＝ ピクリン酸に準じる。

（4）ニトロソ化合物 （問題 P. 156）

　ニトロソ基（−NO）を有する有機化合物の総称で，一般的に不安定で衝撃，摩擦等により爆発する危険性があります。

表6

種　類	性　状	貯蔵，取扱い及び消火方法
ジニトロソペンタメチレンテトラミン [$C_5H_{10}N_6O_2$] この物質については，ごくまれにしか出題されていないので，"お急ぎの方" は飛ばしてもかまいません。	1．淡黄色の粉末である。 2．水，ベンゼン，アルコールおよびアセトンなどにわずかに溶けるが，ベンジン，ガソリンには溶けない。 3．加熱すると分解して窒素やアンモニア，ホルムアルデヒド等を生じる。 4．衝撃，摩擦等により爆発する危険性がある。 5．強酸に接触すると，爆発的に分解し，発火する危険性がある。	「5類共通の貯蔵，取扱い法」 ⇒　火気，衝撃，摩擦等を避け，密栓して換気のよい冷所に貯蔵する。 ＝＝＝＜消火方法＞＝＝＝ 大量注水など水系の消火剤で消火する。

（5）ジアゾ化合物 （問題 P. 156）

　ジアゾ化合物とは，ジアゾ基（＝N_2）をもつ化合物のことをいいます。

表7

種　類	性　状	貯蔵，取扱い及び消火方法
ジアゾジニトロフェノール [$C_6H_2N_4O_5$] 〈比重：1.63〉	1．黄色の不定形粉末である。 2．水にはほとんど溶けないが，アルコールやアセトンなどの有機溶剤には溶ける。 3．光に当たると褐色に変色する。 4．衝撃，摩擦等により爆発する危険性がある。 5．加熱すると，爆発的に分解する。 6．常温では水中で起爆しない。 7．燃焼現象は爆ごうを起こしやすい。	「5類共通の貯蔵，取扱い法」 ⇒　火気，衝撃，摩擦等を避け，密栓して換気のよい冷所に貯蔵する。 ＋ 水中や水とアルコールとの混合液中に貯蔵する。 ＝＝＝＜消火方法＞＝＝＝ 一般に消火は困難である。

（＊爆ごう：爆発の際に火炎が音速を超える速さで伝わる現象）

（6）その他 (問題 P.157)

　ヒドラジンの誘導体，ヒドロキシルアミン塩類，金属のアジ化物については，品名ごとに分けず，まとめて表示します。

表8

種　類	性　状	貯蔵，取扱い及び消火方法
アゾ化合物 アゾビスイソブチロニトリル $[\{C(CH_3)_2CN\}_2N_2]$	1．白色の結晶性粉末 2．水に溶けにくいがアルコール，エーテルには溶ける。 3．融点以上に加熱すると，急激に分解し（発火はしない）シアン化水素＊と窒素を発生する。（＊青酸ガス，シアンガスともいう）	「5類共通の貯蔵，取扱い法」 ⇒　火気，衝撃，摩擦等を避け，密栓して換気のよい冷所に貯蔵する。 ＝＝＝＜消火方法＞＝＝＝ 大量注水で消火する。
ヒドラジンの誘導体 硫酸ヒドラジン $[NH_2NH_2 \cdot H_2SO_4]$ 〈比重：1.37〉 （＊遊離：原子や原子団が化合物から結合が切れて分離すること。）	1．白色の結晶である。 2．冷水やアルコールには溶けないが，温水には溶ける。 3．還元性が強く，酸化剤とは激しく反応する。 4．水溶液は酸性を示す。 5．融点以上で分解して，アンモニア，二酸化硫黄，硫化水素および硫黄を生成するが発火はしない。 6．アルカリと接触するとヒドラジンを遊離＊する。	1．直射日光をさける。 2．火気をさけて冷所に貯蔵する。 3．酸化剤やアルカリと接触させない。 ＝＝＝＜消火方法＞＝＝＝ 大量注水で消火する。 （消火の際は，防じんマスクなどの保護具を着用する。）
ヒドロキシルアミン ヒドロキシルアミン $[NH_2OH]$ 〈比重：1.2〉	1．白色の結晶である。 2．水，アルコールに溶ける。 3．潮解性がある。 4．裸火や高温体と接触するほか，紫外線によっても爆発する危険性がある。 5．蒸気は空気より重く，また，眼や気道を強く刺激する。	1．裸火や高温体との接触を避ける。 2．冷暗所に貯蔵する。 ＝＝＝＜消火方法＞＝＝＝ 大量注水で消火する。 （消火の際は，防じんマスクなどの保護具を着用する。）

[例題] シアン化水素（青酸ガス）を発生するものは？　（答⇒表8最上段の物質）

| ヒドロキシルアミン塩類 硫酸ヒドロキシルアミン $[H_2SO_4 \cdot (NH_2OH)_2]$ 〈比重：1.9〉 *「貯蔵，取扱い方法」に要注意！ | 1．**白色の結晶**である。 2．**潮解性**がある。 3．**水やメタノールに溶ける**が，**エタノールには溶けない**。 4．水溶液は**強い酸性**を示し，**金属を腐食**させる。 5．強い**還元剤**であり，酸化剤と接触すると激しく反応し，**爆発**する危険性がある。 6．**アルカリ**存在下では爆発的に分解する。 | 1．**乾燥状態を保つ**。 2．水溶液は**鉄製容器に貯蔵せず**（腐食するので）**ガラス製容器**などに貯蔵する（クラフト紙袋に入って流通することもある）。 3．**火気，高温体**と接触しないようにして**冷所**に貯蔵する。 ═══**＜消火方法＞**═══ **大量注水**で消火する。 （消火の際は，防じんマスクなどの**保護具を着用**する。） |

表9

種　類	性　状	貯蔵，取扱い及び消火方法
金属のアジ化物 アジ化ナトリウム （NaN_3） 〈比重：1.85〉 (*銀，銅，鉛，水銀など)	1．**無色の板状結晶**である。 2．**水に溶ける**がエタノールには溶けにくく，**エーテルには溶けない**。 3．加熱すると，約300℃で分解して**窒素と金属ナトリウム**を生じる（金属ナトリウムは第3類の禁水性物質になるので，**注水厳禁**となる。）。 4．自身に爆発性はないが，**酸**と接触すると，有毒で爆発性の**アジ化水素酸**を発生する。 5．水があると，**重金属*と反応して衝撃に敏感で爆発性のアジ化物**を生じる。 6．**二硫化炭素や臭素**とは激しく反応する。	「5類共通の貯蔵，取扱い法」 ＋ 1．**直射日光をさけ**，**換気のよい冷所**に貯蔵する。 2．**酸や金属粉**（特に重金属）と接触させない。 3．**鉄筋コンクリートの床**を地盤面より高く造る。 ═══**＜消火方法＞**═══ **乾燥砂**等で消火する。 **（注水は厳禁！⇒性状の3）** 第5類では，このアジ化ナトリウムだけが**注水厳禁**です。
硝酸グアニジン （$CH_6N_4O_3$） 〈比重：1.44〉 〈融点：215℃〉	1．**無色または白色の結晶**である。 2．**有毒**である。 3．**水，アルコール**に溶ける。 4．急激な加熱，衝撃により**爆発**するおそれがある。 5．可燃性物質と混触すると**発火**するおそれがある。	1．**加熱，衝撃**を避ける。 2．**可燃物や引火性物質**とは隔離して貯蔵する。 ═══**＜消火方法＞**═══ **大量注水**により消火する。

❋❋❋❋❋❋❋❋❋ 第5類危険物のまとめ ❋❋❋❋❋❋❋❋❋

1. 比重は1より大きい。

2. 自己燃焼しやすい（自身に酸素を含有しているので）

3. 水溶性
　　水に溶けないものが多い（ピクリン酸，過酢酸，アジ化ナトリウム，硝酸グアニジンなどは水に溶け（硝酸エチルは少溶），硫酸ヒドラジンは温水には溶ける）。

4. 色
　　ほとんど無色（または白色）であるが，ニトロ化合物（ピクリン酸，トリニトロトルエン），ニトロソ化合物，ジアゾ化合物は黄色か淡黄色。

5. 形状
　　固体のものが多いが，次のものは液体である。
　　メチルエチルケトンパーオキサイド，ニトログリセリン，過酢酸，硝酸メチル，硝酸エチル

<覚え方（液体のもの）>

ゴツイ	駅の	大きい	グリーンの	傘は,	小3の子の傘
5類	液体	オキサイド	グリセリン	過酢酸	硝酸

6. ほとんどのものは有機化合物である（アジ化ナトリウム，硫酸ヒドラジン，硫酸ヒドロキシルアミンなどは無機化合物）。

7. 引火性があるもの
　　硝酸エチル，硝酸メチル，メチルエチルケトンパーオキサイド，過酢酸，ピクリン酸（硝酸エチル，硝酸メチルの引火点は常温より低いので注意）（覚え方は下線部の順に⇒イカした照明の大きな傘にピックリ）

8. 自然発火性を有するもの
　　過酸化ベンゾイル，ニトロセルロース

9. 強い酸化作用があるもの
　　過酸化ベンゾイル，メチルエチルケトンパーオキサイド，過酢酸，硝酸グアニジン

10. 燃焼速度が速く，消火が困難である。

11. 消火の際は，一般的には水や泡消火剤を用いるが，アジ化ナトリウムには注水厳禁である。

12. メチルエチルケトンパーオキサイドの容器は通気性を持たせる（その他の危険物は密封する）。

13. 乾燥させると危険なもの（湿らせた状態で貯蔵するもの）
　　過酸化ベンゾイル，ピクリン酸，ニトロセルロース

第5類に属する各危険物の問題と解説

有機過酸化物（本文 P.136）

【問題1】

第5類の有機過酸化物について，次のうち誤っているものはどれか。

(1) 過酸化水素の1個または2個の水素原子を，有機原子団で置換した化合物である。

(2) 分子中に酸素・酸素結合（–O–O–）を有する化合物で，結合力は非常に強い。

(3) 熱，光あるいは還元性物質により容易に分解し，遊離ラジカルを発生する。

(4) すべて密栓された貯蔵容器で保存するわけではない。

(5) 自己反応性物質であるが，引火点を有するものもある。

(1) 有機過酸化物は，過酸化水素（H_2O_2）の1個または2個の水素原子（H）を，有機原子団（または有機の遊離基）で置換した化合物であり，正しい。

(2) 分子中に酸素・酸素結合（–O–O–）を有する化合物というのは正しいですが，結合力は弱く，次の(3)の問題文にもあるとおり，容易に分解して遊離ラジカル（遊離基）を発生するので，誤りです。

(3) (2)でも説明しましたが，有機過酸化物の（–O–O–）の結合力は弱く，容易に分解するので，正しい。

(4) **エチルメチルケトンパーオキサイド**のように分解による内圧上昇を防ぐため，容器に通気孔を設けるものもあります。

(5) **エチルメチルケトンパーオキサイド**のように，引火点を有するものもあるので，正しい。

【問題2】 **急行**★

過酸化ベンゾイルの性状について，次のうち誤っているものはどれか。

(1) 着火すると黒煙を生じるが，加熱すると白煙を生じる。

(2) 光によって分解される。

解答

解答は次ページの下欄にあります。

(3)　水，アルコールに溶けやすい。

(4)　発火点が非常に低く，衝撃や摩擦等により爆発的に分解する。

(5)　有機物と接触すると，爆発するおそれがある。

　解説

(1)　着火すると有毒な**黒煙**を生じて燃焼し，加熱すると分解して有毒な**白煙**を生じるので，正しい。

(3)　過酸化ベンゾイルに限らず，ほとんどの第５類危険物は，水には溶けない（⇒　**水とは反応しない**）ので，誤りです（有機溶剤には溶けます）。

(4)　過酸化ベンゾイルの発火点は125℃と，他の第５類危険物に比べても低く，衝撃や摩擦等に不安定で爆発的に分解しやすいので，正しい。

【問題３】　🚃 **急行**★

　　過酸化ベンゾイルの性状等について，次のうち誤っているものはどれか。

(1)　無色無臭の液体である。

(2)　油脂，ワックス，小麦粉等の漂白に用いられる。

(3)　強力な酸化作用を有している。

(4)　粉じんは眼や肺を刺激する。

(5)　硝酸や濃硫酸と接触すると，爆発する危険性がある。

　解説

(1)　過酸化ベンゾイルは，**白色**または**無色**の**結晶**（固体）です（無臭は正しい）。

(5)　過酸化ベンゾイルは，硝酸や濃硫酸あるいは，アミン類等と接触すると，燃焼，爆発の危険性があるので，正しい。

【問題４】　🚃 **急行**★

　　過酸化ベンゾイルの貯蔵，取り扱い等について，次のうち正しいものはいくつあるか。

A　高濃度のものほど爆発する危険性が高いので，注意が必要である。

B　衝撃に対し敏感で爆発しやすいため，振動や衝撃を与えないようにする。

───────── 解答 ─────────

【問題１】　(2)

C　水と反応して分解するため，できるだけ乾燥状態で取り扱う。

D　初期消火に，二酸化炭素や粉末消火剤は適応している。

E　日光により分解が促進されるため，直射日光を避けて冷所に貯蔵する。

　　(1)　1つ　　(2)　2つ　　(3)　3つ　　(4)　4つ　　(5)　5つ

　　B　過酸化ベンゾイルは，加熱，衝撃，摩擦等に対して敏感で，分解によって爆発する危険性があります。

　　C　第5類危険物は水とは反応せず，また，乾燥しているほど，衝撃，摩擦等により爆発する危険性があるので，**乾燥状態をさけて貯蔵および取り扱う必要があります。**

　　D　P.129の(3)より，第5類危険物に**二酸化炭素消火剤，ハロゲン化物消火剤，粉末消火剤**は適応しません。

　　E　過酸化ベンゾイルは，日光によって分解が促進されるので，直射日光を避けて冷所に貯蔵する必要があり，正しい。

　　従って，正しいのは，A，B，Eの3つとなります。

【問題5】

　　エチルメチルケトンパーオキサイドの性状として，次のうち誤っているものはどれか。

(1)　引火性物質である。

(2)　無色透明で，特有の臭気がある。

(3)　水にはよく溶ける。

(4)　日光や衝撃等によって分解し，発火することがあるので，日光の直射を避けて冷暗所に貯蔵する。

(5)　ぼろ布，鉄さび等のほか，アルカリ性物質などと接触しても著しく分解が促進される。

　　エチルメチルケトンパーオキサイドは，ジエチルエーテルにはよく溶けますが，水には溶けないので，(3)が誤りです。

───────── 解答 ─────────

【問題2】　(3)　　　【問題3】　(1)

【問題6】 特急 ★

エチルメチルケトンパーオキサイドの貯蔵，取扱いについて，次の
うち誤っているものはどれか。

(1) ジメチルフタレート（フタル酸ジメチル）などの希釈剤で50〜60％に薄
めて安全が図られている。

(2) 貯蔵容器は密栓し，冷暗所に貯蔵する。

(3) 加熱，衝撃および摩擦を与えないようにする。

(4) 漏れた際にぼろ布などで吸い取ると分解が進むので，不適切である。

(5) 酸や塩素の混入を避ける。

 解説 ━━━━━━━━━━━━━━━━━━━━━━━━━━━━━━━━

(1)のジメチルフタレートの名称は要注意。なお，エチルメチルケトンパーオ
キサイドは不安定な物質で分解しやすく，(2)のように密栓すると分解が促進さ
れるので，容器の蓋には**通気孔**を設ける必要があります（(4)は**乾燥砂**やけいそ
う土等に吸収させて回収します。)。

【問題7】

過酢酸の性状について，次のうち正しいものはどれか。

A 無色の有害な液体で，比重は1より大きい。

B 水に溶けるが，アルコール，エーテルには溶けない。

C 引火性を有しない。

D 110℃以上に加熱すると爆発することがある。

E 火災の際の適応消火剤は，二酸化炭素である。

(1) A (2) A, D (3) B (4) B, D (5) C, D

解説 ━━━━━━━━━━━━━━━━━━━━━━━━━━━━━━━━

B 過酢酸は，<u>水に溶け</u>，また，アルコール（エタノール），エーテルにも
よく溶けます（下線部より，「水と接触して激しく分解する」は誤りです）。

C 過酢酸は，**硝酸エチル**，**硝酸メチル**，**ピクリン酸**，**エチルメチルケトン
パーオキサイド**と同様，第5類危険物の中で，引火点を有する危険物です。

E P.129の(3)より，<u>第5類に二酸化炭素は不適切です。</u>

━━━━━━━━━━━━━━━━━ 解答 ━━━━━━━━━━━━━━━━━

【問題4】 (3)　　【問題5】 (3)

硝酸エステル類 （本文 P.137）

【問題8】

　　硝酸エステル類に属する物質は，次のうちどれか。

(1)　トリニトロトルエン

(2)　トリニトロフェノール（ピクリン酸の別名）

(3)　ジニトロベンゼン

(4)　ニトログリセリン

(5)　ジニトロクロロベンゼン

　ニトロと名前が付いていても，すべてがニトロ化合物ではなく，(4)のニトログリセリンやニトロセルロースなどは硝酸エステル類に属しています。

【問題9】　　⚡特　急 ★★

　　硝酸エチルの性状として，次のうち誤っているものはどれか。

(1)　甘味のある無色透明の液体である。

(2)　水より軽い。

(3)　引火点は常温（20℃）より低い。

(4)　蒸気は空気より重い。

(5)　メタノールに溶ける。

　第5類危険物の比重は1より大きく，水より重いので，(2)が誤りです。

【問題10】　　🚃急　行 ★

　　硝酸エチルの性状について，次のうち正しいものはどれか。

(1)　よく燃える粉末である。

(2)　水より軽く，水に溶けにくい。

(3)　可燃性の液体で，引火点は常温（20℃）より低い。

(4)　揮発性の液体で，蒸気は空気より軽い。

――――――――――――――― 解答 ―――――――――――――――

【問題6】　(2)　　【問題7】　(2)

(5) 腐敗臭を有する茶褐色の液体である。

(1) 硝酸エチルは粉末ではなく**液体**です。

(2) 水より**重く**（比重は1.11），水にわずかに溶けます。

(3) 可燃性で，引火点は10℃なので，正しい。

(4) 蒸気は空気より**重い**ので，誤りです。

(5) 硝酸エチルは，**芳香**を有する**無色透明**の液体なので，誤りです。

【問題11】

　　硝酸エチルについて，次のうち正しいものはどれか。

(1) 水にはわずかに溶けるが，アルコールには溶けない。

(2) 無色無臭の粉末である。

(3) 窒息消火が効果的である。

(4) 沸点は水よりも低い。

(5) 窒素量の多い，難燃性の化合物である。

(1) アルコールや有機溶剤にもよく溶けます。

(2) 無臭ではなく，**芳香臭**のある**液体**です。

(3) 一般に，第５類の危険物には窒息消火は効果がありません。

(4) 硝酸エチルの沸点は87.2℃なので，水よりも低く（１気圧で100℃），正しい（⇒沸点が低いということは，それだけ揮発性が高く危険性も高い）。

(5) 硝酸エチルは難燃性ではなく可燃性の危険物なので，誤りです。

【問題12】

　　ニトログリセリンの性状について，次のうち誤っているものはどれか。

(1) 無色で甘味のある油状液体で，水よりも重い。

(2) 加熱，衝撃，摩擦等により猛烈に爆発する危険性がある。

(3) ８℃で凍結し，液体より爆発力は低下する。

(4) アルコールには溶けるが，水にはほとんど溶けない。

―――――――――――――――――――――――― 解答 ――――――――――――――――――――――――

【問題８】　(4)　　【問題９】　(2)

(5)　水酸化ナトリウムのアルコール溶液で分解され，非爆発性物質となる。

解説

　ニトログリセリンは，8℃で凍結しますが，液体よりも爆発力は大きくなります（(5)　⇒ニトログリセリンが漏出した場合はこの溶液で拭き取ればよい）。

【問題13】　特急★★

　次の文中の（A），（B）に当てはまる語句の組み合わせとして，正しいものはどれか。

　「ニトロセルロースは，別名，硝化綿ともいい，セルロースを濃硫酸と濃硝酸の混合液に浸けて得られる，きわめて可燃性の大きい（A）である。その浸漬時間などにより硝化度（窒素含有量）が大きいものと小さいものが得られ，硝化度が大きいものを強硝化綿（薬），小さいものを弱硝化綿（薬）という。爆発の危険性はこの硝化度が（B）ものほど大きくなる。なお，弱硝化綿をジエチルエーテルとアルコールに溶かしたものがラッカー等の原料となるコロジオンである。」

	（A）	（B）
(1)	ニトロソ化合物	大きい
(2)	硝酸エステル類	小さい
(3)	ニトロ化合物	大きい
(4)	ニトロ化合物	小さい
(5)	硝酸エステル類	大きい

解説

　ニトロセルロースは，ニトロという名前が付いてますが，硝酸（HNO_3）の水素原子をアルキル基で置き換えた**硝酸エステル類**です。
　また，爆発の危険性は硝化度が**大きい**ものほど大きくなります。

【問題14】　特急★★

　ニトロセルロースの性状等について，次のうち誤っているものはどれか。

───────────解答───────────

【問題10】　(3)　　【問題11】　(4)

(1)　無味無臭である。

(2)　水や有機溶剤によく溶ける。

(3)　燃焼速度がきわめて速い。

(4)　分解しやすく，空気中で自然発火することがある。

(5)　酸化剤と接触すると，発火するおそれがある。

 解説 ━━━━━━━━━━━━━━━━━━━━━━━━━━━━━━━━━━━━━━━

　ニトロセルロースは有機溶剤には溶けますが，水には溶けません。

【問題15】　　急行★

　　ニトロセルロースについて，次のうち誤っているものはどれか。

(1)　窒素含有量が多いほど危険性が大きくなる。

(2)　日光によって分解し，自然発火することがある。

(3)　強綿薬はエタノールに溶けやすい。

(4)　加熱，衝撃および打撃などにより発火することがある。

(5)　水より重い。

 解説 ━━━━━━━━━━━━━━━━━━━━━━━━━━━━━━━━━━━━━━━

　(1)　窒素含有量を**硝化度**といい，その硝化度が大きいものほど爆発の危険性
が大きくなります。

　(2)　ニトロセルロースは分解しやすく，日光の直射によって分解し自然発火
することがあります。

　(3)　強綿薬（窒素含有量が多いもの，つまり，硝化度が大きいもの）ではな
く弱綿薬がエタノールやジエチルエーテルに溶けやすいので，誤りです。

【問題16】　　特急★★

　　ニトロセルロースの貯蔵，取扱いについて，次のうち誤っているも
のはどれか。

(1)　日光の直射を避けて貯蔵する。

(2)　乾燥すると危険性が増すため，通常は水やアルコール，エーテルなどに
　　湿潤させて貯蔵する。

━━━━━━━━━━━━━━━━ 解答 ━━━━━━━━━━━━━━━━

【問題12】　(3)　　　【問題13】　(5)

(3) 含有窒素量（硝化度）の多いものほど危険性が大きくなるので，取扱いには特に注意する。

(4) 発火の危険があるので，加熱はもちろん，打撃，加熱，摩擦等を加えないようにする。

(5) 貯蔵容器には，分解ガスによる破裂を防ぐため，通気孔を設けておく。

(1), (2) ニトロセルロースは分解しやすいので，日光の直射を避け，水やアルコール，エーテルなどに湿潤させて，貯蔵する必要があります。

(5) 第5類危険物で**通気孔**が必要なのは，**メチルエチルケトンパーオキサイド**だけです。なお，ニトロセルロースの入った容器のふたが完全に閉まっていなかったことから出火した原因を問う出題がありますが，「**加湿用のアルコールが蒸発したため，自然に分解して発熱した。**」が正解です（ニトロセルロースの分解を防ぐ目的で加えたアルコールが蒸発して，乾燥し自然発火したものと考えられる）。

第4章
第5類に属する各危険物の
問題と解説

【問題17】
　　セルロイドの性状等について，次のうち誤っているものはどれか。

(1) 一般に，透明または半透明の固体である。

(2) 一般に，粗製品ほど発火点が高くなる。

(3) 温度が高いと自然発火の危険性があるので，通風がよく，湿気のない，温度の低い暗所（冷暗所）に置いて自然発火を防止した。

(4) アセトン，酢酸エチルなどに溶ける。

(5) 熱可塑性で，100℃以下で軟化する。

　セルロイドは，ニトロセルロースに樟脳（しょうのう）を添加したプラスチックで，かつては玩具などに用いられていましたが，原料のニトロセルロースが大変燃えやすいという欠点から，現在は別のプラスチックに置き換えられています。

　そのセルロイドは，古いものや粗製品ほど発火点は低くなり，危険です。

解答

【問題14】　(2)　　【問題15】　(3)

【問題18】

ピクリン酸の性状について，次のうち誤っているものはどれか。

(1) 黄色の結晶で苦味があり，有毒である。

(2) 急熱すると爆発することがある。

(3) 引火性の物質である。

(4) 乾燥状態では，安定である。

(5) 酸性であって金属や塩基と塩を作る。

ピクリン酸と過酸化ベンゾイルは，乾燥状態では不安定で危険性が増すので，「水で湿らせて」貯蔵します（アルコール（エタノール）は厳禁！）。

【問題19】

ピクリン酸について，次のうち誤っているものはいくつあるか。

A 水や有機溶剤などには溶ける。

B 金属とは作用しないが，ガソリンやアルコール，硫黄などと混合すると，衝撃や摩擦等により爆発するおそれがある。

C 水より重い透明の液体である。

D 乾燥状態を避けて，通風のよい冷暗所に貯蔵する。

E 酸化されやすい物質とは混合しないようにして貯蔵する。

(1) 1つ (2) 2つ (3) 3つ (4) 4つ (5) 5つ

A ピクリン酸は，水やアルコールなどのほか，ベンゼンなどの有機溶剤などにも溶けます。

B ピクリン酸は，金属と作用して**爆発性の金属塩**をつくるので，金属性容器は不可でポリエチレンなどを用います（「ガソリンやアルコール，硫黄などと混合すると，衝撃や摩擦等により爆発するおそれがある」というのは正しい）。

C ピクリン酸は，液体ではなく**黄色の結晶**（固体）なので，誤りです。

解答

【問題16】 (5) 　　【問題17】 (2)

D，E　正しい。

従って，誤っているのは，BとCの2つとなります。

【問題20】

　　トリニトロトルエンの性状について，次のうち誤っているものどれか。

⑴　淡黄色の結晶である。

⑵　日光に当たると茶褐色に変色する。

⑶　TNTとも呼ばれる。

⑷　金属と作用して金属塩を生じる。

⑸　水には溶けない。

　トリニトロトルエンの性状は，ピクリン酸と似ていますが，ピクリン酸が金属と反応するのに対し，トリニトロトルエンは反応しないので，⑷が誤りです。

【問題21】

　　ピクリン酸とトリニトロトルエンの性状等について，次のうち誤っているものはどれか。

⑴　ともに，酸化されやすいものと混在すると，打撃等により爆発することがあり，燃焼速度もきわめて速い。

⑵　発火点は100℃未満である。

⑶　トリニトロトルエンの方がピクリン酸よりも安定している。

⑷　ともに，常温（20℃）では固体である。

⑸　ともに，分子中に3つのニトロ基を有している。

　⑵　ピクリン酸の発火点は**320℃**であり，トリニトロトルエンの発火点は**230℃**なので，いずれも100℃以上です。

　⑶　トリニトロトルエンは，非常に爆発の危険性のある危険物ですが，ピクリン酸よりはやや安定しています。

────────────── 解答 ──────────────

【問題18】　⑷　　【問題19】　⑵

(5) ピクリン酸〔$C_6H_2(NO_2)_3OH$〕とトリニトロトルエン〔$C_6H_2(NO_2)_3CH_3$〕ともに，分子中に3つのニトロ基（$-NO_2$）を有しているので，正しい。

ニトロソ化合物 （本文 P. 140）

【問題22】

天然ゴムや合成ゴムなどの起泡剤として用いられるジニトロソペンタメチレンテトラミンの性状について，次のうち誤っているものはいくつあるか。

A　淡黄色の粉末である。

B　衝撃，摩擦によって爆発する危険性がある。

C　アセトン，メタノールなどによく溶ける。

D　加熱すると分解して硫化水素を発生する。

E　酸性溶液中では安定している。

(1)　1つ　　(2)　2つ　　(3)　3つ　　(4)　4つ　　(5)　5つ

A　淡黄色の粉末です。

B　第5類の危険物に共通する性状です。

C　アセトン，メタノールのほか，水やベンゼンなどにも溶けますが，"わずかに"しか溶けないので，「よく溶ける」というのは誤りです。

D　加熱すると分解して，硫化水素ではなく**窒素等**を発生するので，誤りです。

E　酸や有機物と接触すると，発火する危険性があるので，誤りです。

従って，誤っているのは，C，D，Eの3つとなります。

ジアゾ化合物 （本文 P. 140）

【問題23】

ジアゾジニトロフェノールの性状について，次のうち誤っているものはどれか。

(1)　黄色の粉末である。

(2)　光により，変色する。

(3)　水によく溶けるので通常は水溶液として貯蔵する。

解答

【問題20】　(4)　　【問題21】　(2)

(4) 加熱すると，爆発的に分解する。

(5) 摩擦や衝撃により，容易に爆発する。

この物質については，比較的よく出題されているので，主な特徴については把握しておいた方がいいでしょう。

さて，ジアゾジニトロフェノールの性状では，(2)の「光により，変色する」，(4)の「加熱すると，爆発的に分解する」と「水にはほとんど**溶けない**」「**水中に貯蔵する**」が大きなポイントです。

従って，(3)が誤りです。

なお，読み方ですが，「ジアゾ，ジ，ニトロ，フェノール」と区切れば読みやすいでしょう。

ヒドラジンの誘導体 (本文P.141)

【問題24】

ヒドラジンの誘導体である硫酸ヒドラジンについて，次のうち誤っているものはどれか。

(1) 水溶液はアルカリ性を示す。

(2) 冷水には溶けないが，温水には溶ける。

(3) アルコールに溶けず，また，エーテルにも溶けにくい。

(4) 酸化剤とは激しく反応する。

(5) 還元性の強い，無色または白色の結晶である。

硫酸ヒドラジンの水溶液はアルカリ性ではなく，**酸性**を示します。よって(1)が誤りです。

なお，硫酸ヒドラジンは皮膚や粘膜を刺激するので，消火の際はメガネや手袋で保護し，大量の水で消火します。

> 硫酸ヒドラジン
> ⇒ 水溶液は酸性で，還元性の強い白色結晶である。

解答

【問題22】 (3)

【問題25】 急行 ★

硫酸ヒドロキシルアミンの貯蔵，取扱いについて，次のうち誤っているものはどれか。

(1) 潮解性があるので，容器は密封して貯蔵する。

(2) 炎，火花または高温体との接近を避ける。

(3) 乾燥した場所で貯蔵し，湿潤な場所では貯蔵してはならない。

(4) 取り扱いは，換気のよい場所で行い，保護具を使用する。

(5) 水溶液は，ガラス製容器に貯蔵してはならない。

解説 ━━━━━━━━━━━━━━━━━━━━━━━━━━━━━━

硫酸ヒドロキシルアミンの水溶液は**強酸性**で**金属を腐食させる**ので，**金属製容器以外**に貯蔵します。従って，ガラス製容器に貯蔵することもできるので，(5)が誤りです。なお，(2)は爆発や有毒ガスを発生する恐れがあるためです。

【問題26】

硫酸ヒドロキシルアミンの貯蔵，取扱いの注意事項として，次のA～Eのうち誤っているものはどれか。

A 粉塵の吸入を避ける。

B 消火作業の際には必ず空気呼吸器その他の保護具を着用し，風下で作業をしない。

C 長時間貯蔵する場合は，安定剤として酸化剤を使用する。

D 分解ガスが発生しやすいため，ガス抜き口を設けた容器を使用する。

E アルカリ物質が存在すると，爆発的な分解が起こる場合があるので注意する。

(1) A，B (2) A，C (3) C (4) C，D (5) E

解説 ━━━━━━━━━━━━━━━━━━━━━━━━━━━━━━

A なお，粉じんが空気中に舞上がると**粉じん爆発**のおそれがあります。

B 硫酸ヒドロキシルアミンの蒸気は，目や気道を強く刺激し，体内に入る

━━━━━━━━━━━━━━ 解答 ━━━━━━━━━━━━━━

【問題23】 (3) 【問題24】 (1)

と死に至ることもあります。従って，消火作業の際には，必ず空気呼吸器その他の保護具を着用する必要があるので，正しい。

C　硫酸ヒドロキシルアミンは**強い還元剤**であり，酸化剤と接触すると激しく反応して爆発する危険性があります。

D　原則どおり，容器は**密封**して貯蔵する必要があるので，誤りです。

【問題27】　 急行★

　アジ化ナトリウムの性状について，次のうち誤っているものはどれか。

(1)　水によく溶けやすい無色の板状結晶である。

(2)　水より重い。

(3)　徐々に加熱すれば，融解して約300℃で分解し，窒素と金属ナトリウムを生じる。

(4)　水の存在で重金属と作用して，安定な塩をつくる。

(5)　自身に爆発性はないが，酸と反応して有毒で爆発性を持つアジ化水素酸を生じる。

解説

　アジ化ナトリウムは水の存在で重金属と作用しますが，安定な塩ではなく，きわめて爆発しやすい塩（**アジ化物**）を生じます。

【問題28】　特急★★

　アジ化ナトリウムを貯蔵し，取り扱う施設を造る場合，次のA〜Eの構造および設備のうち，アジ化ナトリウムの性状に照らして不適切なもののみを組み合わせたものはどれか。

A　酸や金属粉（特に重金属）と一緒に貯蔵しない。

B　貯蔵には保護液として水を使用する。

C　有毒であるので吸入しない。また，目や皮膚への接触を避ける。

D　強化液消火剤を放射する大型の消火器を設置する。

E　直射日光を避け，換気のよい冷所に貯蔵する。

(1)　AとC　　　(2)　AとE　　　(3)　BとC

(4)　BとD　　　(5)　CとE

──────────── 解答 ────────────

【問題25】　(5)　　【問題26】　(4)

A　水があると**重金属**（**銀，水銀，鉛**など）と反応して衝撃に敏感な**爆発性**の**アジ化物**を生じます。

B　アジ化ナトリウムは水の存在で重金属と作用して不安定な塩（**アジ化物**）を生じるので，誤りです。

D　Bの性状より，アジ化ナトリウムに水系の消火剤は不適なので，誤りです。

従って，不適切なものはB，Dとなるので，(4)が正解となります。

解答

【問題27】　(4)　　【問題28】　(4)

第5章　第6類の危険物

学習のポイント

　乙種第6類危険物試験に出題される主な危険物は，「**過塩素酸，過酸化水素，硝酸，三ふっ化臭素，五ふっ化臭素，五ふっ化よう素**」の6つしかありません。

　従って，同じ危険物に関する問題が複数出題される場合がよくあります。

　たとえば，**硝酸**でいえば，「硝酸の性状を問う問題」と「貯蔵又は取扱いに関する問題（または漏えい事故に関する問題）」が同時に出題されることがよくあります。

　これは，他の危険物についても同様に出題されています。

（ハロゲン間化合物については，ハロゲン間化合物として出題されたり，三ふっ化臭素，五ふっ化臭素，五ふっ化よう素として出題される場合があります。）

　従って，これらの危険物については，消火方法も含めてすべてを重点的に把握しておく必要があるでしょう。

① 第6類の危険物に共通する特性

　第6類危険物は**酸化性の液体**（**強酸化剤**）であり，自身は**不燃性**の危険物です。

（1）共通する性状

① **不燃性**で水よりも**重い**（比重が1より大きい）。
② 一般に水に**溶けやすい**。
③ 水と激しく反応し，**発熱**するものがある。
④ **還元剤**とはよく反応する。
⑤ **無機化合物**（炭素を含まない）である。
⑥ **強酸化剤**なので，有機化合物を酸化させ，場合によっては発火させる。
⑦ **腐食性**があり，皮膚を侵し，また，蒸気は**有毒**である。

（2）貯蔵および取扱い上の注意

②については，**過酸化水素**のみ，密栓せず，容器に通気口を設ける必要があります（第5類のメチルエチルケトンパーオキサイドと同じです）。

① **可燃物，有機物**との接触を避ける。
② 容器は**耐酸性**とし，密栓して**通風**のよい冷暗所に貯蔵する。
③ **火気，直射日光**を避ける。
④ 水と反応するものは，水と接触しないようにする。
⑤ 取扱う際は，**保護具**を着用する（皮膚を腐食するので）。

（3）共通する消火の方法

① 燃焼物（第6類危険物によって発火，燃焼させられている物質）に適応する消火剤を用いる。
② **乾燥砂等**は有効である。
③ **二酸化炭素，ハロゲン化物，粉末消火剤**（炭酸水素塩類のもの）は適応しないので，使用を避ける。
　なお流出した場合は，**乾燥砂**をかけるか，あるいは**中和剤**で中和させる。

第6類の危険物に共通する特性の問題と解説

共通する性状

【問題1】 特 急 ★★

　第6類の危険物の性状について，次のうち誤っているものはどれか。

(1)　有機物などに接触するとこれを酸化させ，発火する危険がある。

(2)　加熱すると分解して酸素を発生するものがある。

(3)　多くは腐食性があり，発生する蒸気は有毒なものが多い。

(4)　強酸化剤であるが，高温になると還元剤として作用する。

(5)　それ自体は不燃性で，引火点を有するものはない。

解説 ━━━━━━━━━━━━━━━━━━━━━━━━━━━━━

(2)　硝酸のように加熱により分解して酸素を発生するものもあるので，正しい。

(4)　第6類の危険物は強酸化剤ですが，高温になったからといって還元剤として作用することはありません。ただし，**還元剤とはよく反応します。** 重要

【問題2】 特 急 ★★

　第6類の危険物に共通する性状として，次のうち正しいものはいくつあるか。

A　いずれも無機化合物である。

B　いずれも無色，無臭である。

C　水と接触すると，いずれも激しく発熱する。

D　発煙性を有する。

E　液体の比重は1よりは小さい。

　　(1)　1つ　　　(2)　2つ　　　(3)　3つ　　　(4)　4つ　　　(5)　5つ

解説 ━━━━━━━━━━━━━━━━━━━━━━━━━━━━━

A　第1類と第6類の危険物は無機化合物です。

B　ほとんど無色ですが，発煙硝酸のようにそうでないものもあり（赤系の色），また，無臭ではなく，ほとんどのものは刺激臭があるので，誤りです。

C　第6類危険物は，基本的に，水と反応して発熱しますが，過酸化水素は

━━━━━━━━━━━ 解答 ━━━━━━━━━━━

　解答は次ページの下欄にあります。

水には溶けますが，発熱はしません。

D　過塩素酸のように，発煙性を有するものもありますが，すべてではないので，誤りです（Cのように，「発煙性を有する<u>ものがある</u>」という表現であるなら正解となります）。

E　第6類危険物の比重は1より大きいので，誤りです。

従って，正しいのはAのみとなります。

火災予防，消火の方法

【問題3】　急行★

　　第6類の危険物の火災予防，消火の方法として，次のうち誤っているものはどれか。

(1)　一般に水系の消火剤を使用するが，水と反応するものは避ける。

(2)　還元剤との接触をさける。

(3)　必要に応じて手袋や防毒マスクなどを着用する。

(4)　火源があれば燃焼するので，取扱いに十分注意する。

(5)　貯蔵する容器は，耐酸性のものを使用する。

解説

(1)　一般に水系の消火剤を使用しますが，ハロゲン間化合物は水と反応して猛毒のふっ化水素ガスを発生するので，水系の消火剤はさけます。

(2)　第6類危険物は，**可燃物，有機物，<u>還元性物質（還元剤）</u>**との接触で発火または爆発するおそれがあるので，正しい。

(3)　皮膚に触れると腐食したり，また，場合によっては有毒ガスが発生するおそれがあるので，必要に応じて手袋や防毒マスクなどを着用します。

(4)　第6類危険物は**不燃性**なので，単独ではそのようなことはありません。

(5)　第6類危険物には，強酸性のものもあるので，貯蔵容器は耐酸性のもの（ステンレス，アルミニウム製など）を使用する必要があります。

【問題4】　急行★

　　第6類の危険物の火災予防，消火の方法として，次のうち誤っているものはどれか。

―――――――――――――― 解答 ――――――――――――――

【問題1】　(4)　　【問題2】　(1)

(1) 容器は破損しやすいので，排水設備のある木製の台の上に置いた。

(2) 日光の直射，熱源を避けて貯蔵する。

(3) 第1類以外の他の類の危険物との混載を避け，容器外部に，緊急時の対応を円滑にするため，「容器イエローカード」のラベルを貼った。

(4) 酸化力が強く，可燃物や有機物との接触を避ける。

(5) 水系消火剤の使用は，適応しないものがある。

 解説

　木製の台は可燃物なので，容器からこぼれた危険物と接触すると，発火するおそれがあります。なお，(3)については，第6類危険物と混載できるのは第1類危険物だけなので，正しい。

【問題5】 特急 ★★

　一般に，第6類の危険物の火災に不適応な消火方法の組み合わせとして，次のうち正しいものはどれか。

A　ハロゲン化物消火剤を放射する。

B　乾燥砂で覆う。

C　霧状の強化液消火剤を放射する。

D　膨張真珠岩（パーライト）で覆う。

E　二酸化炭素消火剤を放射する。

　(1)　AとE　　　(2)　AとC　　　(3)　CとD

　(4)　BとE　　　(5)　CとE

第5章

第6類の危険物に共通する

特性の問題と解説

 解説

　第6類の危険物の火災には，一般に**水系**の消火剤を用いますが，「ハロゲン化物消火剤」「二酸化炭素消火剤」「粉末消火剤（炭酸水素塩類を含むもの）」は適応しないので，(1)のAとEが正解です。

【問題6】

　第6類危険物の消火方法として，次のうち誤っているものはどれか。

(1)　多量の水を用いる場合は，危険物が飛散しないように注意する。

───────────── 解答 ─────────────

【問題3】　(4)

(2) 腐食性があるので，皮膚を保護して消火を行う。

(3) 流出事故の際は，乾燥砂をかけるか中和剤で中和する。

(4) ハロゲン間化合物の火災には，大量の水で消火するのが効果的である。

(5) 膨張ひる石，膨張真珠岩はすべての第6類危険物に有効な消火方法である。

ハロゲン間化合物は水と反応して猛毒のふっ化水素ガスを発生するので，(4)のように水系の消火剤は使用できません。

【問題7】

　第6類の危険物（ハロゲン間化合物を除く。）にかかわる火災時の一般的な消火方法および注意事項について，次のうち正しいものはどれか。

A　おがくずを散布し，危険物を吸収させて消火する。

B　霧状注水は，いかなる場合でも避ける。

C　化学泡消火剤による消火は，いかなる場合でも避ける。

D　霧状の強化液を放射して消火する。

E　火源があると燃焼するので，取扱いには注意する。

　(1)　A　　(2)　A，C　　(3)　B，D　　(4)　D　　(5)　E

　A　おがくずは可燃物であり，第6類危険物は可燃物と接触すると，発火するおそれがあるので，不適切です。

　B　硝酸は燃焼物に適応した消火剤を用いますが，過塩素酸や過酸化水素の場合は，霧状注水を含む水系の消火剤を用います。

　C，D　Bの解説より，化学泡消火剤も霧状の強化液も水系の消火剤なので，Cが誤りで，Dは正しい。

　E　第6類危険物は不燃性なので，火源があっても燃焼はしません。

従って，正しいものはDのみになります。

解答

【問題4】　(1)　　【問題5】　(1)　　【問題6】　(4)　　【問題7】　(4)

第6類に属する各危険物の特性

第6類危険物に属する品名および主な物質は，次のようになります。

表1

品　　　名	主　な　物　質　名 （品名と物質名が同じものは省略）
① 過塩素酸	
② 過酸化水素	
③ 硝酸	
④ その他のもので政令で定めるもの	三ふっ化臭素 五ふっ化臭素 五ふっ化よう素

第6類危険物は，**不燃性**で比重が**1より大きい**

（1）過塩素酸  （問題 P. 173）

過塩素酸は，有毒できわめて**不安定な強酸化剤**です。

表2

種　類	性　　状	貯蔵，取扱い及び消火方法
過塩素酸 （HClO₄） 〈比重：1.77〉	1.**無色で刺激臭のある油状の液体**である。 2.水溶液は**強酸性**を示し多くの金属に反応して**水素を発生する** 3.水に**溶けやすい**が，水と接触すると音を発して**発熱する**（発火はしない）。 4.空気中で強く**発煙**する。 5.強力な**酸化作用**があり，**アルコール**などの有機物と接触すると，**発火あるいは爆発する危険性**がある。 6.**不燃性**ではあるが，加熱をすると（**塩化水素を発生して**）**爆発する**。 7.無水物は，**亜鉛**のほか，**イオン化傾向の小さな銀や銅とも反応**して酸化物を生じる。 8.**腐食性**を有し，皮膚に触れた場合，激しい薬傷を起こす。	「6類共通の貯蔵，取扱い法」 ⇒ **火気，日光，可燃物等**を避け，耐酸性の容器を**密栓**して通風のよい場所で貯蔵，取り扱う。 ＋ **腐食性**があるので，**鋼製の容器**に収納せず，**ガラスびん**などに入れて，通風のよい冷暗所に貯蔵する。 なお，**爆発的に分解して変色する**ことがあるので，**定期的に点検**をする。 ＝＝＝＜消火方法＞＝＝＝ **大量注水で消火**する。

 　　　この過塩素酸は，1類の過塩素酸塩類と何かとまぎらわしいんじゃが，1類の過塩素酸塩類は，あくまでもこの過塩素酸の水素原子（H）が金属（または他の陽イオン）と置き換わった塩（エン：酸の水素原子を金属イオンなどで置き換えたもの）なので，そのあたりを間違えないようにするんじゃよ。

注意：過塩素酸が**流出**した場合は，①**可燃物を除去**する。②**土砂や乾燥砂**等で過塩素酸を覆って吸い取り，流出面積が拡大するのを防ぐ。③**大量の水**や**強化液消火剤**で希釈し，**消石灰**（水酸化 Ca）や**ソーダ灰**（炭酸 Na），**チオ硫酸ナトリウム**などをかけて**中和**し，**大量の水**で洗い流す…などの処置を行いますが，「**ぼろ布にしみ込ませる。**」「**おがくずで吸い取る。**」は **NG** です！（⇒**硝酸**の場合も基本的に同じ処置をする。⇒出題例あり）

（2） 過酸化水素　（問題 P. 175）

過酸化水素は，有毒できわめて**不安定な強酸化剤**です。

表3

種　類	性　　状	貯蔵，取扱い及び消火方法
過酸化水素 （H₂O₂） 〈比重：1.44〉 （消毒液のオキシドール（オキシフル）は過酸化水素の3%水溶液です。）	1．**無色で粘性のある油状の液体**である。 2．**水やアルコール**などには**溶ける**が，**石油，ベンゼン**などには**溶けない**。 3．水溶液は**弱酸性**である。 4．強力な**酸化作用**がある。 5．**有機物や可燃物（エタノールなど）および金属粉（銅，クロム，マンガン，鉄）**と接触すると，**発火あるいは爆発**する危険性がある。 6．**加熱**によっても，**発火あるいは爆発**する危険性がある。 7．**アンモニア**と接触すると，**爆発**する危険性がある。 8．**熱**または**日光**により**分解**し*，**酸素を発生して水になる**（濃度50%以上のものは常温でも水と酸素に分解する）。 9．きわめて不安定な物質であり，一般的に，<u>尿酸やりん酸</u>，<u>アセトアニリド</u>などが**安定剤**として用いられている。 10．相手が**過マンガン酸カリウム**やニクロム酸カリウムなどの**強力な酸化剤**の場合は，**還元剤**として働く。	「6類共通の貯蔵，取扱い法」 ⇒　**火気，日光，可燃物等**を避け，耐酸性の容器を**密栓せず，通風のよい場所**で貯蔵，取り扱う（下線部のみ他の6類と異なります⇒**密栓せず通気孔を設ける**）。 ＋ 漏えいしたときは**多量の水**で洗い流す。 ═══<消火方法>═══ **大量注水**で消火する。

 ≒「密栓」

（3） 硝酸  （問題 P.177）

硝酸は，**腐食性**の強い**有毒**な**強酸化剤**です。

表4

種　類	性　　状	貯蔵，取扱い及び消火方法
硝酸 （HNO₃） 〈比　重：1.50以上〉 （硝酸は，一般的にはその水溶液のことを硝酸といい，濃度が低いものを**希硝酸**，濃いものを**濃硝酸**といいます。） 注）硝酸は**塩酸，硫酸**（以上強酸）や**二酸化炭素**と接触しても発火爆発はしません	1．**無色**（純品）または**黄褐色**の液体である。 2．水に溶けて**発熱**し，水溶液は強い**酸性**を示す。 3．金属と接触すると，金属を溶かして**腐食させ**（ただし，**金，白金**などを除く），**硝酸塩**を生じる。（水素よりイオン化傾向の小さな**銀**や**銅**などの金属をも溶かすことが可能であるが**金**と**白金**は溶かせず腐食しない） 4．**鉄**や**ニッケル，アルミニウム**などは，希硝酸には溶かされ腐食するが，濃硝酸には**不動態皮膜（酸化皮膜）を作り溶かされない**。 5．**加熱**または**日光**（あるいは**金属粉**との接触）などにより分解*して**黄褐色**となり，**酸素**と有毒な**窒素酸化物（二酸化窒素）を発生**する。 6．**二硫化炭素，アルコール，アミン類，ヒドラジン，濃アンモニア水**などと混合すると，**発火**または**爆発**する。 7．**有機物**（**紙，木材，かんなくず**等）と接触すると，**発火，爆発**する危険性がある。 8．**アンモニア**と接触すると，**爆発**する危険性がある。 9．湿った空気中で**発煙**する。	「**6類共通の貯蔵，取扱い法**」 ⇒　**火気，日光，可燃物等**を避け，**耐酸性**の容器を**密栓**して**通風**のよい場所で貯蔵，取扱う。 ＋ 1．**金属粉**との接触を避ける。 2．ほとんどの金属を腐食させるので，比較的安定な**ステンレス**や**アルミニウム**製*（希硝酸は不可）の容器を使用する*（⇒**銅**や**鉛**の容器は×）。 （***ガラス**製や**陶器**も可能だが，これらで大きな容器は作れないので，実際はこの2つの容器が一般的に使われている） ＝＝＝＜消火方法＞＝＝＝ 1．**水**や**泡**（水溶性液体用泡消火器）などで消火する（基本的には**燃焼物**に適応した消火剤を用いる）。 2．流出した際は，**土砂**をかけて流出を阻止するか**水**で洗い流す，あるいは，**炭酸ナトリウム（ソーダ灰），水酸化カルシウム（消石灰）で中和**させる（⇒P.168下の注意）。
発煙硝酸 （HNO₃） 〈比　重：1.52以上〉	同　　上 （ただし，**赤色**または**赤褐色**の液体で，**硝酸よりも酸化力が強い**。）	同　　上

＊ 5 の分解式⇒4 HNO₃→4 NO₂＋2 H₂O+O₂ （係数の和を求める出題例あり）

（4）ハロゲン間化合物 （問題P.181）

ハロゲン間化合物とは，2種のハロゲンが結合した化合物のことをいいます。
（ハロゲン：周期表第17族に属するふっ素や塩素，臭素などの元素の総称）

1．性状

① ふっ化物は，一般的に**無色**で**揮発性**および**発煙性**の液体である。

② 強力な**酸化剤**である。

③ **水**と激しく反応して**ふっ化水素**を発生するものが多い。

④ **可燃物**や**有機物**と接触すると，**自然発火**し爆発的に燃焼することがある。

⑤ 多数のふっ**素原子**を含むものほど反応性に富み，ほとんどの金属，非金属と反応して（酸化させて）**ふっ化物**をつくる（下線部⇒酸化物の出題例あり）。

2．貯蔵及び取扱い上の注意

① **水**や**可燃物**と接触させない。また，容器は**密栓**する。

② **ガラス製容器**は使用しない（腐蝕するため⇒**ポリエチレン製**等を使用）

3．消火方法

粉末消火剤（りん酸塩類）または**乾燥砂**（その他，**ソーダ灰，石灰**も有効）で消火する。（水と激しく反応するので**注水は厳禁！**）

表5

種　類	性　　　　　状
三ふっ化臭素 （BrF_3） 〈比重：2.84〉	ハロゲン間化合物の性状 　　　＋ 1．空気中で**発煙**する。 2．低温で**固化**する（融点が8.8℃であるため） 3．**水**とは激しく反応して有害ガス（**ふっ化水素**）を発生する。
五ふっ化臭素 （BrF_5） 〈比重：2.46〉	ハロゲン間化合物の性状 　　　＋ 1．沸点が低いので（41℃），**気化しやすい**。 2．三ふっ化臭素より反応性に富む。 3．**水**とは激しく反応して有害ガス（**ふっ化水素**）を発生する。
五ふっ化よう素 （IF_5） 〈比重：3.2〉	ハロゲン間化合物の性状 　　　＋ 1．**水**とは激しく反応して有害ガス（**ふっ化水素**）を発生する。 2．**ガラスを侵す**ので容器として使用できない。

1．不燃性で強力な酸化剤である。

2．比重は1より大きい。

3．過塩素酸，硝酸は強酸性，過酸化水素は弱酸性

4．いずれも刺激臭があり，発煙硝酸以外は無色である。

5．水に溶けやすい（ハロゲン間化合物は除く）。

6．水と反応して発熱するもの
　　過塩素酸，三ふっ化臭素，五ふっ化臭素，硝酸（高濃度の場合）

7．加熱により酸素を発生するもの（⇒過塩素酸以外）
　　過酸化水素，硝酸（発煙硝酸）

8．単独でも加熱，衝撃，摩擦等により爆発する危険性があるもの
　　過塩素酸，過酸化水素

9．三ふっ化臭素，五ふっ化臭素，五ふっ化よう素は，水と反応してふっ化水素を発生する。

10．過酸化水素のみ容器に通気性を持たせる（その他の危険物は密封する）。

11．消火剤について

第6類に適応する消火剤	・水系の消火剤（ふっ化臭素，ふっ化よう素は除く） ・乾燥砂等（膨張真珠岩などを含む） ・粉末（りん酸塩類）
第6類に適応しない消火剤	・二酸化炭素 ・ハロゲン化物 ・粉末（炭酸水素塩類）

第6類に属する各危険物の問題と解説

過塩素酸（本文 P.168）

【問題1】 特急 ★★

過塩素酸の性状について，次のうち誤っているものはどれか。

(1) 無色で発煙性のある液体である。

(2) 水との接触により，激しく発熱する。

(3) 加熱により爆発し，塩素ガスを発生する。

(4) おがくずなどと接触すると，自然発火することがある。

(5) 強い酸化性を有する物質で，腐食性もある。

 解説

過塩素酸は非常に不安定な物質で，特に不純物が含まれているものは分解しやすいですが，その際発生するガスは塩素ガスではなく，**塩化水素ガス**（有毒）なので，(3)が誤りです。

【問題2】 特急 ★★

過塩素酸の性状として，次のうち誤っているものはどれか。

(1) 空気中で激しく発煙する。

(2) 無水物は銅，亜鉛等と激しく反応して酸化物を生じる。

(3) 蒸気は眼や器官を刺激する。

(4) 二硫化炭素や木片などの有機物と接触すると，発火，爆発する危険性があるが，希硫酸やりん化水素と接触してもその危険性はない。

(5) 常温（20℃）では強酸化剤であるが，加熱すると還元性を示す。

 解説

(4) 無機化合物の希硫酸やりん化水素と接触しても発火，爆発する危険性はありません（その他，**二酸化炭素**と接触しても発火，爆発する危険性はない）。

(5) 過塩素酸は強酸化剤であり，加熱しても還元剤にはなりません。

解答

解答は次ページの下欄にあります。

【問題3】 急行 ★

　　過塩素酸の性状について，次のうち正しいものはどれか。

(1)　粘性のある液体で，水より軽い。

(2)　水溶液は強い酸であり，多くの金属と反応して，塩化水素ガスを発生する。

(3)　鉄や亜鉛とは反応するが，イオン化傾向の小さな銀や銅などとは反応しない。

(4)　水にはほとんど溶けない。

(5)　加熱すると分解して有毒ガスを発生する。

解説 ━━━━━━━━━━━━━━━━━━━━━━━━━━━━━━━━━

　　(1)　第6類危険物は水より**重い**（比重が1より大きい）物質です。（「粘性のある」は正しい。従って，「流動しやすい」は誤りなので注意）。

　　(2)　過塩素酸が金属と反応した場合は**水素**を発生します（**加熱**した場合に**塩化水素ガス**を発生する）。

　　(3)　過塩素酸はイオン化傾向の小さな銀や銅などとも激しく反応するので，誤りです。

　　(4)　過塩素酸をはじめ，第6類危険物は水に溶けやすいので，誤りです。

　　(5)　加熱すると分解して有毒ガス（**塩化水素**）を発生するので，正しい。

【問題4】 急行 ★

　　過塩素酸の貯蔵，取扱いについて，次のうち正しいものはどれか。

A　貯蔵する際は定期的に検査をし，変色が生じている場合は廃棄をする。

B　通気口を設けた金属製容器に貯蔵する。

C　可燃物と離して貯蔵する。

D　流出した場合は，過塩素酸は水と作用して激しく発熱するので，大量の注水による洗浄は絶対に避ける。

E　分解を抑制するため濃硫酸や十酸化四りん（五酸化二りん）等の脱水剤を添加して保存する。

　　(1)　A　　(2)　A，C　　(3)　B　　(4)　B，D　　(5)　C，E

━━━━━━━━━━━━━━━━━ 解答 ━━━━━━━━━━━━━━━━━

【問題1】 (3)　　【問題2】 (5)

B　過塩素酸の場合，過酸化水素のように容器に通気孔（ガス抜き口）を設ける必要はなく，また，**金属**と反応して酸化物を生じるので，金属製容器ではなく，ポリエチレンやガラス容器などに貯蔵する必要があります。

　D　過塩素酸が流出した場合は，**土砂**や**乾燥砂**等で覆って**吸い取り**，流出面積が拡大するのを防ぎます。また，過塩素酸は水と作用して発熱しますが，発火はせず溶けるので，大量の注水により洗い流します。

　E　過塩素酸を脱水剤と混合すると，きわめて爆発性の高い無水過塩素酸を生成するので，脱水剤とは隔離して保存します。

【問題5】　🚃 急行 ⭐

　　過塩素酸の貯蔵及び取扱方法について，次のうち誤っているものはどれか。
(1)　容器は密封し，通風のよい乾燥した冷所に貯蔵する。
(2)　アルコール，酢酸などの有機物と一緒に貯蔵しない。
(3)　漏れたときはおがくずやぼろ布で吸収する。
(4)　腐食性があるので，鋼製の容器に直接収納しない。
(5)　皮膚に触れた場合は，激しい薬傷を起こすので，取扱いの際は十分注意が必要である。

(1)　第6類危険物は，過酸化水素以外，容器を**密封**して**通風のよい乾燥した冷所**に貯蔵する必要があるので，正しい。
(2)　有機物と接触すると発火，爆発する危険性があります。
(3)　漏れたときは，**アルカリ液を用いて中和**します。おがくずやぼろ布などの可燃物を接触させると，発火する危険性があるので，誤りです。

過酸化水素（本文P.169）

【問題6】　🚅 特急 ⭐⭐

　　過酸化水素の性状について，次のうち誤っているものはどれか。

───── 解答 ─────

【問題3】　(5)　　【問題4】　(2)

⑴　水と任意の割合で混合するので，上層に過酸化水素，下層に水の２層に分離することはない。

⑵　無色で，水より重い液体である。

⑶　濃度の高いものは，皮膚，粘膜をおかす。

⑷　強力な酸化剤であるが，還元剤として作用するものもある。

⑸　濃度の高いものは，引火性がある。

 解説

⑴　過酸化水素は水によく**溶ける**ので，２層に分離することはありません。

⑵　過酸化水素は**無色**で，比重は1.44で水より**重い**ので，正しい。

⑶　濃度の高いものが皮膚に付着すると，激しい薬傷を生じ，また，蒸気を吸入すると，胃粘膜などに炎症を引き起こすので，正しい。

⑷　過酸化水素は**強力な酸化剤**ですが，さらに強力な酸化剤である**過マンガン酸カリウム**（第１類危険物）などと作用する場合は，還元剤として作用する場合もあります（下線部⇒　過酸化水素は他の物質を酸化して**水**になります）。

⑸　第６類危険物は**不燃性**の液体であり，引火性液体ではないので，誤りです。

【問題７】　　特急 ★★

　　過酸化水素の性状について，次のうち誤っているものはどれか。

⑴　熱や日光により分解する。

⑵　加熱すると，水素を発生する。

⑶　金属粉と反応して分解する。

⑷　アルコールやエーテルに溶けるが，ベンゼンなどの石油類には溶けない。

⑸　濃度50％以上のものは，常温（20℃）でも水と酸素に分解する。

 解説

⑴　過酸化水素はきわめて不安定な物質で，**熱**や**日光**のほか，**有機物**や**金属粉**などによっても分解します。

⑵　過酸化水素を加熱すると，水素ではなく**酸素**を発生するので，誤りです（⇒　酸素は支燃性ガスなので，非常に危険です）。

⑶，金属粉や有機物などと反応して分解するので，正しい。

解答

【問題５】　⑶

【問題8】 特急 ★★

過酸化水素の性状について，次のうち誤っているものはどれか。

(1) 高濃度のものは油状の液体である。

(2) 水に溶けやすい弱酸性の液体である。

(3) りん酸や尿酸などの添加により，分解が促進される。

(4) pH が6を超えると，分解率が上昇する。

(5) 消毒用に用いられるオキシフルは，3 vol%の水溶液である。

解説 ━━━━━━━━━━━━━━━━━━━━━━━━━━━━━━━━━━━

(3) 過酸化水素はきわめて不安定な物質であり，**常温（20℃）でも徐々に酸素と水に分解するので**（⇒「常温では安定」は誤り），市販品には，分解の促進を抑えるために**りん酸や尿酸などの安定剤を添加してあります。**（⇒りん酸や尿酸は過酸化水素と混合しても爆発の危険性がない物質なので注意！）

(4) 過酸化水素の水溶液の pH が6を超える……すなわち，pH 7が中性だから，弱酸性からアルカリ性となるにつれて分解率が上昇するので，正しい。

【問題9】 急行 ★

過酸化水素の貯蔵，取扱いについて，次のうち不適当なものはどれか。

(1) 可燃物から離して貯蔵する。

(2) 日当たりのよい場所をさけ，冷暗所に貯蔵する。

(3) 漏えいしたときは，多量の水で洗い流す。

(4) 貯蔵するときは弱アルカリ性にして分解を防ぐようにする。

(5) 貯蔵容器はガス抜き口栓付きのものを使用する。

解説 ━━━━━━━━━━━━━━━━━━━━━━━━━━━━━━━━━━━

問題7の(1)の解説より，過酸化水素は，**熱**や**日光**のほか，**有機物**や**金属粉**などによっても分解するので，貯蔵または取り扱う際は，これらにできるだけ接触しないようにする必要があります。

これらを念頭において順に確認すると，

(1) **可燃物**と接触すると，分解するので，正しい。

(2) **日光**によっても分解するので，日当たりのよい場所をさけ，**冷暗所に貯**

━━━━━━━━━━ 解答 ━━━━━━━━━━

【問題6】 (5) 　【問題7】 (2)

蔵して分解を防ぐ必要があるので，正しい。

(3) 【問題4】の解説より，正しい。過塩素酸同様，**ぼろ布（ウェス）や木製板**を用いた措置は誤りなので，要注意。

(4) 過酸化水素をアルカリ性にすると，分解しやすくなるので，誤りです。

(5) 分解によって発生したガス（**酸素**）により，容器が破裂しないよう，ガス抜き口栓付きのものを使用する必要があるので，正しい。

硝酸 (本文 P. 170)

【問題10】 特急 ★★

硝酸の性状について，次のうち誤っているものはどれか。

(1) 水とは任意の割合で混合し，水溶液は強い酸性を示す。

(2) ほとんどの金属と反応するが，水素よりイオン化傾向の小さい銀や銅とは反応しない。

(3) 加熱または日光などにより分解し，有毒な窒素酸化物を生じる。

(4) 二硫化炭素，アミン類，ヒドラジン類などと混合すると，発火または爆発することがある。

(5) 木材等の可燃物と接触すると，発火，爆発する危険性がある。

解説

硝酸は強力な酸で，ほとんどの金属と反応して腐食させます。また，水素よりイオン化傾向の小さな**銅や銀をも溶かす**ので，(2)が誤りです。

【問題11】 特急 ★★

硝酸の性状について，次のうち誤っているものはどれか。

(1) 無色透明の液体で，引火性はない。

(2) 濃硝酸をタンパク質水溶液に加えて加熱すると黄色になる。

(3) 濃硝酸は鉄やアルミニウムの表面に不動態皮膜を作りにくい。

(4) アセトンやアルコールなどと混合すると，発火または爆発することがある。

(5) ほとんどの金属を腐食させ，硝酸塩を生じる。

解説

解答

【問題8】 (3) 【問題9】 (4)

硝酸は，ほとんどの金属を溶かしますが，鉄やアルミニウムなどの場合は，濃硝酸と希硝酸では反応が異なります。

　一般的な常識では，**希硝酸**では溶かされないが，**濃硝酸**では溶かされる，と考えてしまいますが，この場合，逆になります。

　つまり，「鉄やアルミニウムなどは，**希硝酸**には溶かされ腐食するが，濃硝酸には**不動態皮膜を作り**溶かされない」となります。よって(3)が誤りです。

【問題12】 急行 ★

　硝酸の性状について，次のうち誤っているものはどれか。

(1)　湿った空気中で発煙する。

(2)　熱や光により分解し変色する。

(3)　体に触れると薬傷を生じる。

(4)　硫化水素，アニリン等に触れると発火させる。

(5)　濃硝酸は，金，白金を腐食する。

解説

　硝酸は水素よりイオン化傾向の小さな金属（銅や銀）とも反応して腐食させますが，さらにイオン化傾向が小さい**金**や**白金**などは腐食させることはないので，(5)が誤りです。

【問題13】 特急 ★★

　硝酸と接触すると発火または爆発の危険性があるものとして，次のうち誤っているものはどれか。

(1)　紙　　　　　　(2)　木片　　　　(3)　硫酸

(4)　アルコール　　(5)　アミン類

解説

　硝酸と接触すると発火または爆発の危険性があるものとしては，「**アルコール，アミン類，アセチレン，二硫化炭素，ヒドラジン類，りん化水素**，そして**有機物（木くず，紙など）**」などが挙げられます。

　一方，硝酸は硫酸や塩酸および二酸化炭素とは反応しません。

───── 解答 ─────

【問題10】　(2)　　　【問題11】　(3)

【問題14】 急行★

　　硝酸の貯蔵および取扱いについて，次のうち適切なものはどれか。

A　人体に触れると薬傷を生じることがあるので，接触しないようにする。

B　希釈する場合は，濃硝酸に水を滴下する。

C　加熱や光によって発生する二酸化窒素を吸い込まないようにする。

D　容器の下に木製の「すのこ」を敷いて保管する。

E　安定剤として尿酸を加えて貯蔵する。

　　⑴　A　　⑵　A，C　　⑶　B　　⑷　C，D　　⑸　E

解説 ━━━━━━━━━━━━━━━━━━━━━━━━━━━━━━

　　B　硝酸を希釈する場合は，**水**に**濃硝酸**を少しずつ加えていきます。これを逆にすると，発熱して沸騰し，硝酸が周囲に飛び散る危険性があります。

　　D　木製のすのこは**可燃物**なので第6類と接触すると発火する危険性があります。

　　E　安定剤として**尿酸**を加えて貯蔵するのは**過酸化水素**です。

【問題15】 急行★

　　硝酸の貯蔵及び取り扱いについて，次のうち適切でないものはどれか。

⑴　濃硝酸は不動態を作ることがあるが，希硝酸は大部分の金属を腐食させるので，収納する場合には容器の材質に注意する。

⑵　硝酸自体は燃焼しないが，強い酸化性があるので，可燃物から離して貯蔵する。

⑶　分解を促進する物質とは接近させないようにして貯蔵する。

⑷　直射日光を避け，冷暗所に保存する。

⑸　腐食性があるので，ステンレス鋼製の容器による貯蔵は避ける。

解説 ━━━━━━━━━━━━━━━━━━━━━━━━━━━━━━

　硝酸はほとんどの金属を腐食させるため，比較的安定な**ステンレス**や**アルミニウム製**の容器を使用する必要があるので，⑸が誤りです。

【問題16】 特急 ★★

　　硝酸の流出事故における処理方法について，次のうち適当でないものはどれか。
(1)　ぼろ布にしみ込ませる。
(2)　大量の乾燥砂で流出を防ぐ。
(3)　強化液消火剤（主成分 K_2CO_3 水溶液）を放射して水で希釈する。
(4)　直接大量の水で希釈する。
(5)　ソーダ灰（無水炭酸ナトリウム）で中和する。

解説

　　硝酸が流出した場合は，(2)～(5)のような処理が必要になりますが，(1)のように，ぼろ布にしみ込ませると発火する危険があるので，誤りです（⇒　有機物，可燃物と接触すると，発火する危険性がある）。

【問題17】

　　発煙硝酸の性状に関する次の記述 A～D について，誤っているものはどれか。
A　硝酸の濃度を98～99%にしたものである。
B　硫化水素，よう化水素などとの接触で発火する。
C　赤褐色の液体で，常温(20℃)で空気に触れると黄褐色のガスが発生する。
D　加熱すると，二酸化窒素および水素を放射する。
　(1)　A　　(2)　A，C　　(3)　B，C　　(4)　C　　(5)　D

 解説

（発煙硝酸の性状等は，基本的には硝酸に準じて考えます）
　　発煙硝酸は，硝酸の濃度を98～99%にしたもので（従って，Aは○），きわめて有毒で，**硝酸よりも強い酸化力**があります。
　　また，**赤褐色の液体**で，常温（20℃）で空気に触れると**黄褐色のガス（二酸化窒素）**を発生するので，Cは○ですが，Dの加熱した場合には，**二酸化窒素**と**酸素**を発生するので，×となります。
　　最後にBですが，**硫化水素やよう化水素およびアセチレン**などと接触する

と，発火，爆発することがあるので，○となります。

従って，×はDのみとなるので，(5)が正解です。

ハロゲン間化合物 (本文 P.171)

【問題18】 　特急 ★★

　　ハロゲン間化合物の一般的性状について，次のうち誤っているものはどれか。

(1)　2種類のハロゲン元素からなる化合物の総称である。

(2)　単独では発火せず，また，加熱しても酸素は発生しない。

(3)　金属とは反応しない。

(4)　多数のふっ素原子を含むものは特に反応性に富む。

(5)　水と反応して有毒ガスを発生する。

(1)　周期表第17族のハロゲンには，フッ素 (F)，塩素 (Cl)，臭素 (Br)，ヨウ素 (I)，アスタチン (At) があります。

　ハロゲン間化合物は，その名のとおり，これらのハロゲン間，すなわち，ハロゲンどうしが結合（化合）した化合物の総称なので，正しい。

(2)　第6類は**不燃性**であり，また，ハロゲン間化合物は酸素を含んでいません。

(3)　ハロゲン間化合物は，ほとんどの**金属，非金属**と反応して**ふっ化物**（フッ素と他の元素や基との化合物のこと）をつくるので，誤りです。

(5)　水と反応して有毒ガス（**ふっ化水素**）を発生するので，正しい。

【問題19】 　急行 ★

　　ハロゲン間化合物の性状等について，次のうち誤っているものはどれか。

(1)　2種のハロゲンが電気陰性度の差によって互いに結合している。

(2)　ふっ化物の多くは無色の揮発性の液体である。

(3)　多くの金属や非金属を酸化してハロゲン化物を生じる。

(4)　水に溶けやすいため，火災時には水系の消火剤が有効である。

解答

【問題16】　(1)　　　【問題17】　(5)

(5) 強力な酸化剤である。

(1) 電気陰性度（電子を共有して結合している場合において，その電子を引きつける力のこと）の差が小さいほど安定しています。

(2) ふっ化物の多くは**無色の揮発性の液体**なので，正しい。

(3) 多くの金属や非金属を酸化して**ハロゲン化物**（ハロゲンが他の族の元素と化合したもので前問の(3)のふっ化物もハロゲン化物に含まれる）を生じます。

(4) ハロゲン間化合物は，水に溶けず，また，水とは激しく反応するので，火災時に水系の消火剤は不適当です。

(5) 酸化剤なので「**還元力**があり金属，非金属を還元する」は×になります。

【問題20】 😊 急行★

ハロゲン間化合物にかかわる火災の消火方法として，次のうち適切なものはいくつあるか。

A 乾燥砂やソーダ灰で覆う。
B ハロゲン化物消火剤を放射する。
C 水溶性液体用泡消火剤を放射する。
D 膨張ひる石（バーミキュライト）で覆う。
E 霧状の強化液消火剤を放射する。
　(1) なし　(2) 1つ　(3) 2つ　(4) 3つ　(5) 4つ

ハロゲン間化合物は，水とは激しく反応するので，火災時に水系（噴霧注水含む）の消火剤は不適当であり，**粉末消火剤**や**乾燥砂等**（膨張真珠岩，膨張ひる石などを含む），**ソーダ灰**（炭酸ナトリウムの無水物）などを用います。

従って，A，Dの2つが正解です。

【問題21】

三ふっ化臭素の性状について，次のうち誤っているものはどれか。

(1) 常温（20℃）では液体であるが，0℃では固体である。

───── 解答 ─────

【問題18】　(3)

(2) 水や酸とは激しく反応する。

(3) 空気中で発煙する。

(4) 不安定で，引火性かつ爆発性の物質である。

(5) 不燃性なので，液温が上昇しても可燃性蒸気は発生しない。

(1) 三ふっ化臭素の融点は9℃なので，0℃では**固体**であり，また，常温（20℃）では，**液体**です。

(2) ふっ化臭素は，水と激しく反応して発熱し，**ふっ化水素**を発生します。

(4) 第6類危険物は引火性ではなく，**不燃性の液体**なので，誤りです。

【問題22】

五ふっ化臭素の性状について，次のうち誤っているものはどれか。

(1) ほとんどすべての元素，化合物と反応する。

(2) 沸点が低く，揮発性のある液体である。

(3) 三ふっ化臭素より反応性に富む。

(4) 強力な酸化剤である。

(5) 水と激しく反応して酸素を発生する。

(1) ハロゲン間化合物は，ほとんどすべての元素，化合物と反応します。

(2) 沸点が41℃と低く，**揮発性がある液体**なので，正しい。

(3) 三ふっ化臭素よりふっ素原子が多く，その分，反応性に富む物質です。

(5) 水と激しく反応して**ふっ化水素**を発生するので，誤りです。

【問題23】

五ふっ化臭素について，次のうち誤っているものはどれか。

(1) 常温（20℃）で無色の液体で蒸気は空気より重い。

(2) 気化しやすく，常温（20℃）で発火する。

(3) 容器は密栓して貯蔵する。

(4) 消火の際は，りん酸塩類を使用した粉末消火剤または乾燥砂を使用する。

解答

【問題19】　(4)　　　【問題20】　(3)

(5) ほとんどの金属，非金属と反応してふっ化物をつくる。

 解説 ▬▬▬▬▬▬▬▬▬▬▬▬▬▬▬▬▬▬▬▬▬▬

　五ふっ化臭素は，沸点が低く気化しやすいですが，**不燃性**なので単独では発火はしません。

【問題24】 　😊 急行 ★

　　三ふっ化臭素および五ふっ化臭素の貯蔵，取扱いに関する次のA～Dについて，正しいものはどれか。
A　直射日光を避け，冷暗所で貯蔵する。
B　危険性を低減するため，水やヘキサンで希釈して取り扱う。
C　貯蔵容器はガラス製のものを用い，密栓する。
D　発生した蒸気は吸引しないようにする。
　(1)　A，C　　(2)　A，D　　(3)　B，C　　(4)　B，D　　(5)　C，D

解説 ▬▬▬▬▬▬▬▬▬▬▬▬▬▬▬▬▬▬▬▬▬▬

　A　危険物を貯蔵する際の原則です。
　B　三ふっ化臭素は，**水と反応して有毒なふっ化水素**を発生し，また，ヘキサンは有機物なので，接触すると発火，爆発するおそれがあります（ヘキサンで希釈すると危険性が低減するのは，第3類危険物のアルキルアルミニウムやアルキルリチウム）。
　C　ハロゲン間化合物は，ほとんどの**金属，非金属**と反応してふっ化物をつくるので，貯蔵容器はガラス製ではなくポリエチレン製などを用います。
　D　水分と反応して発生した蒸気（白煙）は，有毒なふっ化水素であり，吸引しないようにする必要があります。
　従って，正しいものはA，Dとなります。

解答
【問題21】　(4)　　【問題22】　(5)　　【問題23】　(2)　　【問題24】　(2)

❋❋❋❋❋❋❋❋❋❋❋❋❋ **全体のまとめ** ❋❋❋❋❋❋❋❋❋❋❋❋❋❋

　各類に共通する性状等を，次にまとめておきました。ただし，乙種の場合は受験する類の共通する性状を覚えておけば間に合うので，各類の共通する特性やまとめを把握しておけば，十分だと思います。

　しかし，複数の乙種免状を取得しようと考えている方，あるいは，甲種危険物受験まで視野に入れている方にとっては，各類を横断して共通している性状等を覚えておくことは，将来的に必ず役に立つはずである，という思惑から，ここにそれらをまとめておくことにしましたので，有効に活用して下さい。

(1)　比重が1より大きいもの（第2類の固形アルコールは除く）

第1類危険物，第2類危険物，第5類危険物，第6類危険物 +	
第3類危険物	リチウム，ノルマルブチルリチウム，水素化リチウム，ナトリウム，カリウム…以外のもの
第4類危険物	二硫化炭素，クロロベンゼン，酢酸，クレオソート油，アニリン，ニトロベンゼン，エチレングリコール，グリセリン

(2)　水関係

①　水に溶ける（または溶けやすい）もの

第1類危険物	（ただし，塩素酸カリウム，過塩素酸カリウム，および無機過酸化物などは，一般に水に溶けにくい）
第4類危険物	アルコール，アセトアルデヒド，さく酸（酢酸），エーテル（少溶），エチレングリコール，グリセリン，ピリジン，アセトン，酸化プロピレン
第5類危険物	ピクリン酸，過酢酸，硫酸ヒドラジン（温水のみに溶ける），ヒドロキシルアミン，硫酸ヒドロキシルアミン，アジ化ナトリウム，硝酸グアニジン
第6類危険物	（ただし，ハロゲン間化合物は除く）

②　水に溶けないもの
　　①以外のもの

（3） ガスを発生するもの

水と反応するもの （⇒消火に水は使えない（次亜塩素酸塩類は除く））

発生するガス	ガスを発生する物質	
酸素	第1類危険物	アルカリ金属の無機過酸化物（過酸化カリウム，過酸化ナトリウム）　　　　　（注：発熱を伴う）
硫化水素	第2類危険物	硫化りん（三硫化りんは熱水，五硫化りんは水，七硫化りんは水，熱水両方）
水素 （出題例あり!）	第2類危険物	金属粉（アルミニウム粉，亜鉛粉），マグネシウム
	第3類危険物	カリウム，ナトリウム，リチウム，バリウム，カルシウム，水素化ナトリウム，水素化リチウム，水素化カルシウム
りん化水素	第3類危険物	りん化カルシウム（「水素を発生」という出題あり⇒×）
アセチレンガス	第3類危険物	炭化カルシウム（「水素を発生」という出題あり⇒×）
塩化水素	第1類危険物	次亜塩素酸塩類 （演歌 の トリ　　じゃ演奏しよう 　　　　　塩化　トリクロ　　次亜塩素 　　　　　水素）
	第3類危険物	トリクロロシラン
ふっ化水素	第6類危険物	三ふっ化臭素，五ふっ化臭素，五ふっ化よう素
メタンガス	第3類危険物	炭化アルミニウム
エタンガス	第3類危険物	ジエチル亜鉛（ジエチル亜鉛はアルコール，酸とも反応してエタンガスを発生する）

加熱または燃焼によって発生するもの

発生するガス	ガスを発生する物質	
酸素	第1類危険物	第1類危険物を加熱すると発生する
	第6類危険物 （*酸化窒素も発生）	過酸化水素，（発煙）硝酸*を加熱または日光により発生
二酸化硫黄	第2類危険物	硫黄と硫化リンが燃焼する際に発生する
水素等	第3類危険物	アルキルアルミニウムを加熱すると発生する
シアン化水素（青酸ガス）と窒素	第5類危険物	アジビスイソブチロニトリルを融点以上に加熱すると発生する（シアンガスでの出題例がある）。

その他

① 酸に溶けて水素を発生するもの（詳細は P.77参照）

第 2 類危険物	鉄粉，アルミニウム粉，亜鉛粉，マグネシウム

② 酸と反応してアジ化水素酸（⇒液体です）を発生するもの

第 5 類危険物	アジ化ナトリウム

こうして覚えよう！

水素を発生するもの（(3)の水素と その他の①）

水素を発生するっ　**て　　ま　　あ，　　か　　な　　り，**
　　　　　　　　　鉄　マグネシウム　アルミニウムと亜鉛　カリウム　ナトリウム　リチウム

バ　　カ　　な　　　　り
バリウム　カルシウム　(水素化)ナトリウム　(水素化)リチウム

(4) 潮解性があるもの（主なもの）。

第 1 類危険物	ナトリウム系（塩素酸ナトリウム，過塩素酸ナトリウム，硝酸ナトリウム，過マンガン酸ナトリウム）＋過酸化カリウム＋硝酸アンモニウム＋三酸化クロム
第 3 類危険物	カリウム，ナトリウム（⇒カリウム系，ナトリウム系は，まず，潮解性を吟味する）

(5) 自然発火のおそれのあるもの

第 2 類危険物	赤りん（黄りんを含んだもの），鉄粉（油のしみたもの），アルミニウム粉と亜鉛粉（水分，ハロゲン元素などと接触），マグネシウム（水分と接触）
第 3 類危険物	（ただし，リチウムは除く）
第 4 類危険物	乾性油（動植物油類）
第 5 類危険物	ニトロセルロース（加熱，衝撃および日光）

(6) 引火性があるもの

第 2 類危険物	引火性固体	第 4 類危険物	全部
第 5 類危険物	エチルメチルケトンパーオキサイド，過酢酸，硝酸エチル，硝酸メチル，ピクリン酸		

(7) 粘性のあるもの（油状の液体のもの）

第 5 類危険物	ニトログリセリン，エチルメチルケトンパーオキサイド
第 6 類危険物	過酸化水素，過塩素酸

(8) 貯蔵，取扱い方法
基本的に，加熱，火気，衝撃，摩擦等を避け，密栓して冷暗所に貯蔵する。

① 密栓しないもの（容器のフタに通気孔を設ける）

第 5 類危険物	エチルメチルケトンパーオキサイド
第 6 類危険物	過酸化水素

② 水との接触をさけるもの（⇒(3)の水と反応するもの）

第 1 類危険物	アルカリ金属の過酸化物
第 2 類危険物	硫化りん，鉄粉，金属粉，マグネシウム
第 3 類危険物	（ただし，黄りんは除く）
第 6 類危険物	三ふっ化臭素，五ふっ化臭素，五ふっ化よう素

③ 特に直射日光をさけるもの

第 1 類危険物	亜塩素酸ナトリウム，過マンガン酸カリウム，次亜塩素酸カルシウム
第 2 類危険物	ゴムのり，ラッカーパテ（以上，引火性固体）
第 4 類危険物	ジエチルエーテル，アセトン
第 5 類危険物	エチルメチルケトンパーオキサイド，ニトロセルロース，アジ化ナトリウム
第 6 類危険物	過酸化水素，硝酸（発煙硝酸含む）

④ 乾燥させると危険なもの

第 5 類危険物	過酸化ベンゾイル，ピクリン酸，ニトロセルロース

⑤ 第 3 類危険物で保護液などに貯蔵するもの（一部他の類を含む）

灯油中に貯蔵するもの	ナトリウム，カリウム，リチウム
不活性ガス（窒素等）中に貯蔵するもの	アルキルアルミニウム，ノルマルブチルリチウム，ジエチル亜鉛，水素化ナトリウム，水素化リチウム
水中に貯蔵するもの	黄りん（第 4 類の二硫化炭素も水中貯蔵する）
エタノールに貯蔵するもの	第 5 類のニトロセルロース

⑼ 消火方法

① 注水消火するもの

第1類危険物	（ただし，アルカリ金属の過酸化物等は除く）
第2類危険物	赤りん，硫黄
第3類危険物	黄りん
第5類危険物	（ただし，アジ化ナトリウムを除く。また，消火困難なものが多い。）
第6類危険物	過塩素酸，過酸化水素，硝酸（発煙硝酸含む）

② 注水が不適当なもの（＝⑶の水と反応するもの）

第1類危険物	アルカリ金属の過酸化物（過酸化カリウム，過酸化ナトリウムなど）
第2類危険物	硫化りん，鉄粉，アルミニウム粉，亜鉛粉，マグネシウム
第3類危険物	（ただし，黄りんは注水可能）
第4類危険物	全部
第5類危険物	アジ化ナトリウム（火災時の熱で金属ナトリウムを生成し，その金属ナトリウムに注水すると水素を発生するため）
第6類危険物	三ふっ化臭素，五ふっ化臭素，五ふっ化よう素

③ 乾燥砂（膨張ひる石，膨張真珠岩含む）はすべての類の危険物の消火に適応する（ただし，第3類危険物のアルキルアルミニウム，アルキルリチウムは初期消火のみ）。

④ ハロゲン化物消火剤が不適当なもの（有毒ガスを発生するため）

第3類危険物	アルキルアルミニウム，ノルマルブチルリチウム，ジエチル亜鉛

⑤ 粉末消火剤について

● 炭酸水素塩類の粉末のみ使用可能（りん酸塩類は不可）

⇒・第1類のアルカリ金属，アルカリ土類金属の消火

　・第3類の禁水性物質（黄りん除く）

● りん酸塩類の粉末のみ使用可能（炭酸水素塩類は不可）

⇒・第1類のアルカリ金属，アルカリ土類金属以外の消火

　・第6類のハロゲン間化合物（ふっ化臭素，ふっ化よう素）。

第 3 編

模擬テスト

我輩は真剣である

模擬テスト

 合格の決め手

 ガンバルゾ！

　この模擬テストは，最新の数多くのデータから，より本試験に近い形に編集して作成してありますので，実力を試すには絶好の「道具」となってくれるものと思っています。従って，出来るだけ本試験と同じ状況を作って解答をしてください。

　具体的には，①　時間を35分間きちんとカウントする。②　これは当然ですが，参考書などを一切見ない。③　巻末の解答カードを切りとって，解答番号に印を入れる。④　そして，出来ればこの模擬試験をＡ4サイズにコピーしてホッチキスで留めるなどして小冊子にし，本試験に近いスタイルにする。このようにすれば，より本試験に近い感覚で"受験"することができるでしょう。

　最後に，受験の「コツ」を1つ。

　試験時間は35分間しかないので，あまり1つの問題に時間をかけていると，すべての問題を解けない可能性があります。従って，「これはすぐには解けない！」と判断したら，とりあえず何番かの答えにマークを付けて，問題番号の横に「？」マークでも書いておき，すべてを解答した後でもう一度その問題を解けばよいのです。この試験は全問正解する必要はなく，60％以上正解であればよいのです。したがって，確実に点数が取れる問題から先にゲットしていくことが合格への近道なのです。

注：本試験では「性質，消火」は【問題26】～【問題35】の10問として出題されているので，この模擬テストでも【問題26】～【問題35】と表示してあります。
　　解答カードは巻末にありますのでコピーして使ってください。

〈第1類危険物〉

【問題26】 危険物の性状について，次のA〜Eのうち誤っているものはいくつあるか。

A 第1類の危険物は，一般に，不燃性物質であるが，加熱，衝撃，摩擦などにより分解して酸素を放出するため，周囲の可燃物の燃焼を著しく促進する。

B 第3類の危険物は，空気または水との接触によって，発火または可燃性ガスを発生する危険性を有する固体または液体である。

C 第4類の危険物の蒸気は空気より重く低所に流れ，火源があれば引火する危険性がある。

D 第5類の危険物は，いずれも比重は1より大きい可燃性の固体で，空気中に長時間放置すると分解し，可燃性ガスを発生する。

E 第6類の危険物は，可燃性のものは有機化合物であり，不燃性のものは無機化合物である。

(1) 1つ　　(2) 2つ　　(3) 3つ　　(4) 4つ　　(5) 5つ

【問題27】 第1類の一般的な性状として，次のA〜Eのうち誤っているものはいくつあるか。

A 大部分は無色または白色の固体である。

B 強酸性の固体または液体である。

C 一般に不燃性である。

D 水と反応して酸素と熱を発生する。

E 窒素を多量に含んでいる物質である。

(1) 1つ　　(2) 2つ　　(3) 3つ　　(4) 4つ　　(5) 5つ

【問題28】 第1類の危険物を貯蔵保管する施設の構造，設置および容器等について，危険物の性状に照らして適切でないものは，次のA〜Eのうちいくつあるか。

A 棚に転倒防止策を施した容器収納庫に第2類の危険物を貯蔵する。

B 容器は金属，ガラスおよびプラスチック製とし，ふたが容易にはずれないように密栓する。

C 収納容器が落下した場合の衝撃防止のため，床に厚手のじゅうたんを敷く。

D　危険物用として，二酸化炭素消火器を設置する。

E　防爆構造でない照明装置や換気設備を設置する。

　　⑴　1つ　　⑵　2つ　　⑶　3つ　　⑷　4つ　　⑸　5つ

【問題29】　次に揚げる危険物にかかわる火災の消火方法について，正しいもの
　　はいくつあるか。

A　過酸化ナトリウム………強化液消火器で消火した。

B　過酸化マグネシウム……乾燥砂で消火した。

C　亜塩素酸ナトリウム……二酸化炭素消火器で消火した。

D　過酸化カリウム…………霧状の水を放射する消火器で消火した。

E　臭素酸カリウム…………泡消火器で消火した。

　　⑴　なし　　⑵　1つ　　⑶　2つ　　⑷　3つ　　⑸　4つ

【問題30】　塩素酸カリウムと過塩素酸カリウムの性状等について，次のうちA
　　〜Eのうち正しいものはいくつあるか。

A　いずれも常温（20℃）では，だいだい色の粉末である。

B　1 mol 中に存在する塩素の量は，過塩素酸カリウムの方が多い。

C　急激に加熱すると，いずれも爆発する危険性がある。

D　塩素酸カリウムは赤りんとともにマッチの原料になる。

E　いずれも漂白剤としてよく使用されている。

　　⑴　1つ　　⑵　2つ　　⑶　3つ　　⑷　4つ　　⑸　5つ

【問題31】　過酸化バリウムの性状について，次のA〜Eのうち正しいものはい
　　くつあるか。

A　白色または灰白色の結晶性粉末で酸化剤や漂白剤などに用いられている。

B　高温に熱すると，酸化バリウムと酸素とに分解する。

C　冷水によく溶ける。

D　アルカリ土類金属の過酸化物の中では最も不安定な物質である。

E　酸または熱湯と接触すると，酸素を発生して分解する。

　　⑴　1つ　　⑵　2つ　　⑶　3つ　　⑷　4つ　　⑸　5つ

【問題32】　過酸化ナトリウムの貯蔵，取扱いに関する次のA〜Dについて，正
　　誤の組み合わせとして，正しいものはどれか。

A　異物が混入しないようにする。

B　水で湿潤とした状態にして貯蔵する。
C　ガス抜き口を設けた容器に貯蔵する。
D　加熱する場合は，白金るつぼを用いる。

	A	B	C	D
(1)	○	×	×	○
(2)	○	×	×	×
(3)	×	○	×	×
(4)	×	○	×	○
(5)	○	×	○	×

注：表中の○は正，×は誤を表すものとする。

【問題33】　**亜塩素酸ナトリウムの貯蔵および取扱いについて，次のうち適切でないものはどれか。**
(1)　直射日光を避け，冷暗所に貯蔵する。
(2)　有機物や還元性物質などとの接触を避ける。
(3)　安定剤として酸を加え，分解を抑制する。
(4)　金属粉と混合すると，爆発の危険性が高くなるので混入を避ける。
(5)　取扱い中に有毒ガスを発生するおそれがあるので，換気を頻繁に行う。

【問題34】　**次の文の（　）内の A～C に当てはまる語句の組み合わせとして，正しいものはどれか。**
「硫酸酸性の過マンガン酸カリウム水溶液は（A）色を呈しているが，この溶液に過酸化水素を加えていくと，溶液の色は（B）なる。これは，（C）の方がより強い酸化力を有しているためである。」

	A	B	C
(1)	赤紫	薄く	過マンガン酸カリウム
(2)	薄緑	濃く	過マンガン酸カリウム
(3)	暗赤	薄く	過酸化水素
(4)	薄紫	濃く	過酸化水素
(5)	薄赤	薄く	過マンガン酸カリウム

【問題35】 硝酸アンモニウムの貯蔵，取扱いに関する次の A～D の正誤の組み合わせとして正しいものはどれか。

A　アルカリ性の乾燥剤を入れ貯蔵した。

B　湿ってきたので急激に加熱し，乾燥させた。

C　水分との接触を断つため，灯油中に貯蔵した。

D　防水性のある多層紙袋に貯蔵した。

	A	B	C	D
(1)	×	○	○	×
(2)	○	○	×	×
(3)	○	×	×	×
(4)	×	×	○	○
(5)	×	×	×	○

注：表中の○は正，×は誤を表するものとする。

第1類危険物の解答と解説

【問題26】 解答 (2)

解説　A　第1類の危険物は**不燃性物質**で，加熱，衝撃，摩擦などにより分解して**酸素を放出**し，周囲の可燃物の燃焼を著しく促進するので，正しい。

B　第3類の危険物は，空気との接触によって発火する**自然発火性**か，または水との接触によって，発火または可燃性ガスを発生する危険性を有する**禁水性の固体または液体**なので，正しい。

C　正しい。

D　第5類の危険物の比重は1より大きいというのは正しいですが，可燃性の固体のみではなく，可燃性の固体または**液体**です。また，空気中に長時間放置すると分解が進み，可燃性ガスを発生するのではなく，自然発火をします。

E　第6類の危険物は，可燃性ではなく**不燃性の無機化合物**なので，誤りです。

　　従って，誤っているのはD，Eの2つとなります。

【問題27】 解答 (3)

解説　A　第1類危険物の大部分は**無色**または**白色**の**固体**なので，正しい。

B　第1類危険物は，**強酸性**というのは正しいですが，「固体または液体」ではなく，「固体」のみなので，誤りです。

C　第1類危険物は**不燃性**なので，正しい。

D　水と反応して**酸素**と**熱**を発生するのは，第1類危険物でも無機過酸化物のみなので，すべてではなく，誤りです。

E　窒素ではなく，**酸素**を多量に含んでいる物質なので，誤りです。

　　従って，誤っているのは，B，D，Eの3つとなります。

【問題28】 解答 (3)

解説　A　第1類の危険物は，有機物や第2類の危険物のような**可燃物**などの酸化されやすい物質とは接触しないように貯蔵する必要があるので，誤りです。

B　正しい。

C　可燃物（じゅうたん）とは一緒に貯蔵できないので，誤りです。

D　第1類の危険物の消火には，一般的には**大量の水**を用いますが，二酸化炭素消火器は第1類に適応しないので，誤りです。

E　正しい。

　　従って，適切でないものはA，C，Dの3つとなります。

【問題29】　解答　(3)

解説　まず，第1類の危険物の消火のポイントを掲げると，次のようになります。

● 第1類の危険物は原則として**注水（泡消火器，強化液消火器**含む）または粉末消火器で消火する。

● **アルカリ金属の過酸化物と過酸化マグネシウム，過酸化バリウム**（アルカリ土類金属の過酸化物）などは注水不適応

⇒**炭酸水素塩類を使用する粉末消火器**か**乾燥砂**などで消火する。

これをもとに，それぞれを確認すると，

A　過酸化ナトリウムは，アルカリ金属の過酸化物なので，強化液消火器などの「水系の消火器」は厳禁です。よって，誤りです。

B　過酸化マグネシウムは，アルカリ金属ではなくアルカリ土類金属ですが，それでもやはり注水は好ましくなく，**乾燥砂**をかけるか，あるいは，粉末消火器で消火をします。よって，正しい。

C　亜塩素酸ナトリウムは，ほかの一般的な第1類危険物同様，「大量の水」で消火するので，二酸化炭素消火器は誤りです。

D　過酸化カリウムは，アルカリ金属の過酸化物であり，霧状であっても水は厳禁なので，誤りです。

E　臭素酸カリウムも，ほかの一般的な第1類危険物同様，「水系の消火器」が適応するので，正しい。

　　従って，正しいのは，BとEの2つとなります。

【問題30】　解答　(2)

解説　A　誤り。**無色の結晶**（塩素酸カリウムは，または**白色の粉末**）です。

B　誤り。塩素酸カリウムは $KClO_3$，過塩素酸カリウムは $KClO_4$ より，塩素（Cl）の数（量）は同じです。

C，D　正しい。

E　誤り。ともにマッチや花火などに使われていますが，漂白剤として使用されているのは塩素酸カリウムだけです。

　　従って，正しいのは，C，Dの2つだけです。

【問題31】　解答 (3)

解説　A　正しい。

B　過酸化バリウムは，約800℃で分解して酸素を発生し，酸化バリウムとなるので，正しい。

C　冷水には，わずかに溶けるだけなので，誤りです。

D　過酸化バリウムは，アルカリ土類金属の過酸化物の中では最も安定した物質なので，誤りです。

E　正しい。

　　従って，正しいのは，A，B，Eの3つということになります。

【問題32】　解答 (2)

解説　P.38の無機過酸化物に共通する貯蔵，取扱い方法を思い出します。

1類に共通する貯蔵，取扱い方法	火気，衝撃，可燃物（有機物），強酸との接触をさけ，密栓して冷所に貯蔵する。

＋

水との接触を避ける。

A　第1類危険物は**不燃性**ですが，他の可燃物などを酸化させる**酸素を含有**しており，可燃物などの異物が混入しないようにする必要があるので，○。

B　無機過酸化物は，水と反応して発熱するので，水で湿潤とした状態にして貯蔵するのは，誤りです。従って，×。

C　無機過酸化物は水と反応するので，容器は密栓する必要があります。従って，ガス抜き口を設けた容器では湿気が侵入するおそれがあるので，誤りです×。

D　溶融した過酸化ナトリウムは，白金を侵すので，**ニッケル**または**銀**のるつぼを用います×。

　　従って，A○，B×，C×，D×となるので，(2)が正解となります。

【問題33】 　解答 (3)

解説　亜塩素酸ナトリウムは $NaClO_2$ ですが，その亜塩素酸ナトリウムに酸を加えると，（分解が抑制されるのではなく）徐々に分解され，有毒ガス（⇒二酸化塩素：ClO_2）を発生するので，誤りです。

【問題34】 　解答 (1)

解説　正解は次のようになります。

「硫酸酸性の過マンガン酸カリウム水溶液は（赤紫色）を呈しているが，この溶液に過酸化水素を加えていくと，溶液の色は（薄く）なる。これは，（過マンガン酸カリウム）の方がより強い酸化力を有しているためである。」

なお，過酸化水素は本来は**酸化剤**（第6類危険物）ですが，過マンガン酸カリウムの方の酸化力が強いので，この場合は**還元剤**として働いています。

【問題35】 　解答 (5)

解説　A　×。硝酸アンモニウムは**吸湿性**があるので，**乾燥剤**を用いるのは正しいですが，アルカリ性物質とは反応して**アンモニア**を発生するので，アルカリ性の乾燥剤は不適切です。

B　×。硝酸アンモニウムは，単独でも急激に加熱すると**爆発する**ことがあるので，不適切です。

C　×。硝酸アンモニウムは，金属製やガラス，プラスチック製の容器などを密栓して冷所に貯蔵します。従って，可燃物である灯油中に貯蔵はもとより，接触させても爆発する危険性があるので，不適切です。

D　○。硝酸アンモニウムの貯蔵方法として，適切です。

【問題26】　第 1 類から第 6 類までの危険物の性状について，次の A～E のうち，誤っているものはいくつあるか。

A　第 1 類と第 4 類の危険物は，可燃性である。

B　第 1 類と第 5 類の危険物は，比重が 1 より大きい。

C　第 3 類と第 5 類の危険物は，液体または固体である。

D　第 4 類と第 5 類の危険物の中には，状態によって自然発火するものがある。

E　第 1 類と第 6 類の危険物は，酸化性物質である。

　(1)　1 つ　　(2)　2 つ　　(3)　3 つ　　(4)　4 つ　　(5)　5 つ

【問題27】　第 2 類の危険物の性状について，次のうち正しいものはどれか。

　(1)　一般に粉状のものは塊状のものに比べて着火しにくい。

　(2)　燃焼したときに有害な硫化水素を発生するものがある。

　(3)　酸化剤と接触または混合すると発火しやすくなる。

　(4)　固形アルコールを除き，引火性はない。

　(5)　水と反応するものは，すべて水素を発生し，それが爆発することがある。

【問題28】　第 2 類の危険物を貯蔵し，または取り扱う場合における火災予防上の一般的な注意事項について，次の文の下線部分のうち適切でない箇所はどれか。

　「第 2 類の危険物は，(A) 還元剤との接触若しくは混合，炎，火花若しくは高温体との接近または加熱を避けるとともに，(B) 硫黄，金属粉およびマグネシウム並びにこれらのいずれかを含有するものにあっては，水または酸との接触を避け，(C) 引火性固体にあっては，みだりに蒸気を発生させないこと。」

　(1)　A　　　　(2)　B　　　　(3)　C

　(4)　A と B　　(5)　A と C

【問題29】　第 2 類危険物の消火について，次のうち誤っているものはどれか。

　(1)　泡消火剤や粉末消火剤が効果的なものがある。

　(2)　水と反応して，可燃性のガスを発生し，爆発するものがある。

(3) 二酸化炭素消火剤が適応しないものがある。

(4) 水と反応して有毒ガスを生じるものがある。

(5) 窒息消火は効果がない。

【問題30】 三硫化りん（P_4S_3），五硫化りん（P_2S_5），七硫化りん（P_4S_7）に共通する性状について，次のA～Eのうち正しいものはいくつあるか。

A 比重は三硫化四りんが最も大きく，七硫化四りんが最も小さい。

B 融点は三硫化四りんが最も高く，七硫化四りんが最も低い。

C いずれも硫黄より融点が高い。

D 三硫化四りんは熱水と加水分解するが，五硫化二りんは加水分解せず，七硫化四りんは水，熱水とも反応し，最も加水分解されやすい。

E 比重は水よりも小さく，水に溶けやすい。

(1) 1つ (2) 2つ (3) 3つ (4) 4つ (5) 5つ

【問題31】 赤りんについて，次のうち正しいものはどれか。

(1) 比重は約1.0で，黄りんより軽い。

(2) 融点は約140℃である。

(3) 常圧で加熱すると約100℃で昇華する。

(4) 空気に触れないように水中で貯蔵する。

(5) 塩素酸カリウムとの混合物は，わずかの衝撃で爆発する。

【問題32】 硫黄について，次のうち誤っているものはどれか。

(1) 斜方硫黄，単斜硫黄，非晶形，ゴム状硫黄などの同素体がある。

(2) 酸化剤との混合物は，加熱，衝撃により発火，爆発することがある。

(3) 消火の際には，一般的に，大量の噴霧注水により一挙に消火するのが適当であり，乾燥砂で覆うような窒息消火は不適当である。

(4) 塊状の硫黄は，麻袋やわら袋などに入れて貯蔵し，また，粉状のものは2層以上のクラフト紙や麻袋で貯蔵することができる。

(5) 100℃までは発火しないが，発火した場合には燃焼生成物が流動して燃焼面を拡大する。

【問題33】 鉄粉の一般的性状について，次のうち誤っているものはどれか。

(1) 酸やアルカリに溶けて水素を発生する。

(2) 微粉状のものは，発火する危険性がある。

(3) 空気中で酸化されやすく，湿気によってさびが生じる。

(4) 浮遊状態の鉄粉は，火源があると粉塵爆発を起こすことがある。

(5) 水分を含む鉄粉のたい積物は，酸化熱を内部に蓄積し発火することがある。

【問題34】　**アルミニウム粉の性状について，次のうち誤っているものはどれか。**

(1) 両性元素である。

(2) 酸，アルカリおよび熱水と反応して，酸素を発生する。

(3) 貯蔵の際は，容器を密栓する。

(4) Fe_2O_3 と混合して点火すると，Fe_2O_3 が還元され，融解して鉄の単体が得られる。

(5) 塩酸や水酸化ナトリウム水溶液に溶けて発熱し，可燃性ガスを発生する。

【問題35】　**亜鉛粉について，次のうち誤っているものはどれか。**

(1) 酸化性物質と混合したものは，加熱，衝撃，摩擦等により発火，爆発することがある。

(2) 酸やアルカリ水溶液に溶けて，非常に燃焼しやすいガスが発生する。

(3) 空気中に浮遊すると，粉じん爆発することがある。

(4) 空気中に放置すると，湿気により自然発火することがある。

(5) 火災の場合，大量の水によって消火する。

第2類危険物の解答と解説

【問題26】 解答 (1)

解説　A　第4類の危険物は可燃性ですが，第1類の危険物は**不燃性**なので，誤りです。

B　第1類，第2類，第5類，第6類の危険物の比重は**1より大きい**ので，正しい。

C　正しい。

D　第4類の**乾性油**（動植物油類）が染みたボロ切れを空気中に放置しておくと，酸化熱により温度が上昇し，発火点に至って発火することがあります。また，第5類のニトロセルロースを乾燥状態で放置したり，日光の直射に当てると自然発火することがあるので，正しい。

E　第1類と第6類の危険物は，**酸化性物質（酸化剤）**なので，正しい。

　　従って，誤っているのはAの1つのみとなります。

【問題27】 解答 (3)

解説　(1)　問題文は逆で，粉状のものの方が塊状のものに比べて着火しやすくなります（空気に接する面積が広いので）。

(2)　硫化りんは硫化水素を発生しますが，それは燃焼したときではなく，**水（または熱水）**と反応して発生するので，誤りです。

(3)　第2類の危険物は，可燃性の固体であり，酸化されやすい物質なので，酸化剤と接触または混合すると発火しやすくなります。よって，正しい。

(4)　同じ引火性固体の，ゴムのりやラッカーパテなども引火性があります。なお，「**40℃未満で引火するものもある**」という出題例もありますが，引火性固体が該当するので，○です。

(5)　アルミニウム粉のように，水と反応して水素を発生するものもありますが，(2)の硫化りんのように，**硫化水素を発生**するものもあるので，「すべて」の部分が誤りとなります。

【問題28】 解答 (4)

解説　AとBが誤りです。正しくは，「第2類の危険物は，（A）**酸化剤**との接触若しくは混合，炎，火花若しくは高温体との接近または加熱を避けるとともに，（B）**鉄粉**，金属粉およびマグネシウム並びにこれらのいずれ

かを含有するものにあっては，水または酸との接触を避け，（C）引火性固体にあっては，みだりに蒸気を発生させないこと。」となります。

【問題29】 解答 (5)

解説 (1) 正しい。P.78，8．消火方法の①，④が該当します。

(2) 正しい。P.187，(3)ガスと発生するもの，の第2類危険物を参照。

(3) 正しい。**赤りん，硫黄，鉄粉，アルミニウム粉，亜鉛粉，マグネシウム**が該当します。

(4) 正しい。同じく，P.187，(3)ガスと発生するもの，の硫化水素を参照。

(5) 誤り。P.78，8．消火方法の④より，引火性固体は二酸化炭素消火剤も効果があります。

【問題30】 解答 (1)

解説 まず，問題に出て来た**三硫化四りん，五硫化二りん，七硫化四りん**は，それぞれ三硫化りん，五硫化りん，七硫化りんの別名で，本試験ではこの別名で出題される場合もあります。

A　誤り。比重は，**三硫化四りん＜五硫化二りん＜七硫化四りん**，の順に大きくなります。

B　誤り。融点も，**三硫化四りん＜五硫化二りん＜七硫化四りん**，の順に高くなります。

C　正しい。融点は，硫黄が**115℃**，三硫化四りんが**173℃**，五硫化二りんが**290℃**，七硫化四りんが**310℃**なので，硫黄より高くなっています。

D　誤り。「五硫化二りんは加水分解せず」の部分だけが誤りで，五硫化りんは水（冷水）と反応して加水分解し，**硫化水素**を発生します。

E　誤り。比重は，三硫化四りんが2.03，五硫化二りんが2.09，七硫化四りんが2.19なので**水よりも重い物質です**（三硫化四りん以外，水には溶けます）。

従って，正しいのはCのみとなります。

【問題31】 解答 (5)

解説 (1) 比重は約2.2で，黄りん（比重：1.82）より**重い**ので，誤りです。

(2) 融点は約600℃なので，誤りです。

(3) 赤りんが昇華するのは，常圧では約400℃なので，誤りです。

(4) 水中貯蔵するのは，**黄りん**の方です。

(5) 塩素酸カリウムのような酸化剤と混合すると，摩擦や衝撃などで発火，爆発することがあるので，正しい。

【問題32】 解答 (3)

解説 硫黄の火災には，問題文の前半のように，**大量の噴霧注水**によるか，あるいは，水系（**泡消火剤，強化液消火剤**）の消火剤による冷却消火が適していますが，**乾燥砂**などで覆う窒息消火も効果があるので，誤りです。

【問題33】 解答 (1)

解説 鉄粉は，**酸**には溶けて水素を**発生**しますが，**アルカリ**には溶けないので，誤りです。

【問題34】 解答 (2)

解説 (2) アルミニウム粉は，塩酸や硫酸などの**酸**，および水酸化ナトリウムなどの**アルカリ**のほか，熱水とも反応しますが，その際発生する可燃性ガスは酸素ではなく**水素**です。

(4) 鉄の酸化物にアルミニウム粉を混合して点火すると熱を発して酸化物を還元し，鉄が生成されるという**テルミット反応**です。

(5) 可燃性ガスとは**水素**です。なお，**水酸化ナトリウム**とは反応しますが，**塩化ナトリウム**とは常温では反応しないので注意。

【問題35】 解答 (5)

解説 (1) 一般に，第2類危険物と酸化性物質（酸化剤）とを混合させると，加熱，衝撃，摩擦等により発火，爆発する危険性があります。

(2) 亜鉛粉が酸やアルカリ水溶液と反応すると，**水素**が発生します。

(5) 亜鉛粉の火災には，アルミニウム粉に同じく，むしろ等で被覆した上に**乾燥砂**などで覆い，**窒息消火**させるか，あるいは，**金属火災用粉末消火剤**を用いて消火するのが有効であり，**注水は厳禁**なので（亜鉛粉は水と反応するので），誤りです。

なお，第3類の参考追加問題は P.225 にありますので，できるだけ目を通しておいて下さい。

〈第3類危険物〉

【問題26】 危険物の類ごとの一般的性状について，次のうち正しいものはどれか。

(1) 第1類の危険物は可燃性であり，他の物質を強く酸化する。

(2) 第2類の危険物は固体であり，引火性のものはない。

(3) 第4類の危険物の蒸気は空気と混合して爆発性の混合気体を作る。

(4) 第5類の危険物はすべて自然発火性の物質である。

(5) 第6類の危険物は可燃性の無機化合物で，他の物質を酸化する性質がある。

【問題27】 第3類の危険物の性状等について，次のA〜Dのうち，誤っているものはいくつあるか。

A 不燃性の無機物質である。

B 空気と接触すると発火するものがある。

C 自然発火性試験または引火点を測定する試験によって，第3類の危険物に該当するか否かが判断される。

D 比重は1より大きい。

E すべて水と反応して可燃性ガスを発生し，発火若しくは発熱する。

 (1) なし (2) 1つ (3) 2つ (4) 3つ (5) 4つ

【問題28】 第3類の危険物に関する貯蔵及び取扱い方法について，次のうち誤っているものはどれか。

(1) アルキルアルミニウムは空気と接触しないよう，窒素等の不活性ガス中で貯蔵する。

(2) 黄りんは空気中で酸化されやすいので，灯油などの保護液中で貯蔵する。

(3) ナトリウムは，灯油中に小分けして貯蔵する。

(4) 炭化カルシウムは，アセチレンガスの発生に注意し，必要に応じて窒素などの不活性ガスを封入する。

(5) 金属の水素化物は，空気中の湿気と反応して水素を発生するので，容器に窒素を封入して密栓し，貯蔵する。

【問題29】 第3類の危険物の火災の消火について，次のうち誤っているもののみを掲げているものはどれか。

A ナトリウムの火災の消火剤として，ハロゲン化物消火剤は不適切である。

B 第3類の危険物の火災には，炭酸水素塩類等を用いた粉末消火剤を有効とするものはない。

C アルキルアルミニウムの火災の消火に，泡消火剤などの水系の消火剤を放射することは厳禁である。

D 炭化カルシウムを貯蔵する場所の火災の消火には，機械泡（空気泡）消火剤を放射するのが最も適切である。

 (1) AとC

 (2) AとD

 (3) BとC

 (4) BとD

 (5) CとD

【問題30】 カリウムの性状について，次のうち誤っているものはどれか。

 (1) 原子は1価の陰イオンになりやすい。

 (2) やわらかく，融点は100℃より低い。

 (3) 炎の中に入れると，炎に特有の色がつく。

 (4) 空気中の水分と反応して発熱し，自然発火することがある。

 (5) 有機物に対して強い還元作用がある。

【問題31】 アルキルアルミニウムは，危険性を軽減するため溶媒で希釈して貯蔵または取り扱われることが多いが，この溶媒として，次のうち適切なものはいくつあるか。

「水，アルコール，アセトアルデヒド，ベンゼン，グリセリン，ヘキサン」

 (1) 1つ (2) 2つ (3) 3つ (4) 4つ (5) 5つ

【問題32】 次の文の（ ）内の A～C に入る語句の組み合わせとして，正しいものはどれか。

「黄りんは反応性に富み，空気中で（A）して五酸化りんを生じる。このため（B）の中に保存される。また，（C）であり，空気を断って約250℃に熱すると赤りんになる。」

	A	B	C
(1)	分解	水	無毒
(2)	自然発火	水	無毒
(3)	自然発火	アルコール	有毒
(4)	分解	アルコール	無毒
(5)	自然発火	水	有毒

【問題33】 ジエチル亜鉛の性状について，次のうち正しいものはどれか。

(1) 灰青色の結晶である。

(2) 水と反応してエチレンを発生する。

(3) 不燃性である。

(4) ヘキサンやトルエンなどによく溶ける。

(5) 水よりも軽い。

【問題34】 りん化カルシウムの性状について，次のうち誤っているものはどれか。

(1) 水よりも重い。

(2) 空気中で水分と反応して可燃性の有毒ガスを発生する。

(3) 融点は非常に高く，約1600℃である。

(4) 空気中で高温に加熱すると，有害な物質が生じる。

(5) 加熱または弱酸などと反応して水素を発生する。

【問題35】 炭化カルシウムの性状等について，次のうち誤っているものはどれか。

(1) 高温では還元性を有し，多くの酸化物を還元する。

(2) それ自体は不燃性である。

(3) 純粋なものは，常温（20℃）において無色又は白色の正方晶形の結晶である。

(4) 水と反応して生石灰と水素を生成する。

(5) 高温で窒素ガスと反応させると石灰窒素を生成する。

第3類危険物の解答と解説

【問題26】 解答 (3)

解説 (1) 第1類の危険物は**酸化性固体**なので，他の物質を強く酸化するというのは正しいですが，可燃性ではなく**不燃性**です（第1類と第6類は不燃性。⇒ 燃えない<u>イチロー</u>）。

(2) 引火性固体は第2類危険物であり，その名が示すとおり**引火性**を有するので，誤りです。

(3) 第4類の危険物，すなわち，可燃性液体の蒸気は空気と混合して**爆発性**の混合気体を作るので，正しい。

(4) 第5類の危険物は，**自己反応性物質**であり，ニトロセルロースなどのように自然発火の危険性を有するものもありますが，すべてではないので，誤りです。

(5) 第1類や第6類の危険物は，可燃性ではなく**不燃性**（⇒燃えない<u>イチロー</u>）の無機化合物なので，誤りです（他の物質を酸化する性質がある，というのは，正しい）。

【問題27】 解答 (5)

解説 A 不燃性の無機物質は，第1類や第6類の危険物であり，第3類危険物は，**自然発火性**および**禁水性物質**なので，誤りです（第3類の危険物には，不燃性のものも可燃性のものもある）。

B 第3類危険物のほとんどは，乾燥した空気中で発火の危険性，すなわち，**自然発火性**を有する危険物なので，正しい。

C 「自然発火性試験」は正しいですが，「引火点を測定する試験」ではなく**「水との反応性試験」**によって，第3類の危険物に該当するか否かが判断されます。

D **カリウムやナトリウム**などのように，比重が1より小さい（＝水より軽い）物質もあるので，誤りです。

E 黄りんは水とは反応しないので，「すべて水と反応して」の部分が誤りです。

従って，誤っているのはB以外の4つということになります。

〈追加例題〉

【問題】　第３類危険物と水が反応した際に発生するガスとして，次のうち誤っているものはどれか。

(1)　炭化アルミニウム………………アセチレン

(2)　リン化カルシウム………………リン化水素

(3)　ナトリウム…………………………水素

(4)　ジエチル亜鉛……………………エタン

(5)　バリウム………………………………水素

解説　P.187の(3)ガスを発生するもの，より，アセチレンは炭化カルシウムであり，P.108より，炭化アルミニウムはメタンガスを発生します。

解答(1)

【問題28】　解答 (2)

解説　黄りんは空気中で酸化されやすいので，保護液中で貯蔵しますが，カリウムやナトリウムなどのような灯油中ではなく，**水**（弱アルカリ性のもの）中で貯蔵します。

なお，自然発火性および禁水性物質は，空気や水との接触をさけるため，不活性ガスや保護液中で貯蔵しますが，「不活性ガス中で貯蔵するもの」と「保護液中で貯蔵するもの」は，はっきり区分けして覚えておく必要があります。

（注：「**第３類危険物を保護液中で保存する理由**」は「**空気と接触すると発火するため**」なので，注意してください。）

【問題29】　解答 (4)

解説　A　第３類危険物の火災の消火剤として，ハロゲン化物消火剤などの不燃性ガスは適切でないので，正しい。

B　第３類の禁水性物質の場合，りん酸塩類等以外の粉末消火剤，つまり，**炭酸水素塩類等**を用いた**粉末消火剤**などは有効なので，誤りです。

C　アルキルアルミニウムは水と激しく反応するので水系の消火剤は厳禁です。

D　黄りん以外の第３類危険物（つまり，禁水性物質）に機械泡（空気泡）消火剤などの**水系の消火剤**は不適切なので，誤りです。

従って，誤っているのは，ＢとＤなので，(4)が正解です。

【問題30】 解答 (1)

解説 (1) カリウムはアルカリ金属であり，周期表の１族に属し，原子価は
１価の陰イオンではなく１価の陽イオン（＋１）になりやすい物質です。

(2) カリウムの融点は64℃なので，正しい。

(3) カリウムを炎の中に入れると，紫色を出して燃焼します。

【問題31】 解答 (2)

解説 ベンゼンやヘキサン等で希釈したアルキルアルミニウムは，危険性が
軽減するので，２つが正解です。

【問題32】 解答 (5)

解説 正解は，「黄りんは反応性に富み，空気中で（自然発火）して五酸化
りんを生じる。このため（水）の中に保存される。また，（有毒）であ
り，空気を断って約250℃に熱すると赤りんになる。」となります。

【問題33】 解答 (4)

解説 (1) ジエチル亜鉛は**無色**の液体です。

(2) 水と反応してエチレンではなく，**エタンガス**を発生します。

(3) ジエチル亜鉛は，自然発火性の物質です。

(4) ジエチル亜鉛は，ジエチルエーテルやベンゼンなどのほか，ヘキサンな
どの脂肪族飽和炭化水素およびトルエンやキシレンなどの芳香族炭化水素
などにもよく溶けるので，正しい。

(5) ジエチル亜鉛の比重は1.21であり，水よりも重いので，誤りです。

【問題34】 解答 (5)

解説 (1) りん化カルシウムの比重は2.51なので，水より重く，正しい。

(2)，(5) りん化カルシウムは，加熱または水や弱酸と反応して可燃性の有毒
ガスである**りん化水素**を発生します。

従って，(5)は水素ではなくりん化水素なので，誤りです。

【問題35】 解答 (4)

解説 炭化カルシウムは**水**と反応して「生石灰（酸化カルシウム）と水素」
ではなく「**消石灰（水酸化カルシウム）とアセチレンガス**」を発生するの
で，誤りです（下線部⇒　重要ポイント）。

〈第5類危険物〉

【問題26】 危険物の類ごとの性状について，次のA〜Eのうち正しいものはいくつあるか。

A　第1類の危険物は，一般に，不燃性物質であるが，加熱，衝撃，摩擦等により分解して酸素を放出するため，周囲の可燃物の燃焼を著しく促進する。

B　第2類の危険物は，一般に，酸化剤と混合すると，打撃などにより爆発する危険がある。

C　第4類の危険物は，ほとんどが炭素と水素からなる化合物で，一般に，蒸気は空気より重く低所に流れ，火源があれば引火する危険性がある。

D　第5類の危険物は，いずれも比重は1より大きい可燃性の固体で，空気中に長期間放置すると分解し，可燃性ガスを発生する。

E　第6類の危険物は，いずれも酸化力が強い無機化合物で，腐食性があり皮膚をおかす。

 (1)　1つ (2)　2つ (3)　3つ (4)　4つ (5)　5つ

【問題27】 第5類の危険物に共通する性状について，次のうち正しいものはどれか。

 (1)　固体のものは，常温（20℃）で乾燥させると，危険性が小さくなるものがある。

 (2)　金属と反応して分解し，自然発火する。

 (3)　燃焼または加熱分解が速い。

 (4)　分子内に窒素と酸素を含有している。

 (5)　水に溶けやすい。

【問題28】 第5類の危険物を貯蔵し，または取り扱う場合，危険物の性状に照らして，一般に火災発生の危険性が最も小さいのは次のうちどれか。

 (1)　水との接触

 (2)　加熱および衝撃

 (3)　他の薬品との衝撃

 (4)　火花や炎の接近

 (5)　温度管理や湿度管理の不適切

【問題29】 第5類の危険物（金属のアジ化物を除く）の火災に共通して消火効果が期待できるものは，次のうちどれか。

(1) りん酸塩類の消火粉末を放射して消火する。
(2) 炭酸水素塩類の消火粉末を放射して消火する。
(3) ハロゲン化物を放射して消火する。
(4) 乾燥砂で覆う。
(5) 棒状または霧状の水を大量に放射して消火する。

【問題30】 過酸化ベンゾイルの性状等について，次のうち誤っているものはどれか。

(1) 着火すると，有毒な黒煙を発生する。
(2) 強力な酸化作用を有するので，酸化されやすい物質と一緒に貯蔵しない。
(3) 特有の臭気を有する無色油状の液体である。
(4) 熱，衝撃または摩擦によって爆発的に分解する。
(5) 酸によって分解が促進される。

【問題31】 第5類の硝酸エステル類およびニトロ化合物について，次のA〜Gのうち正しいものはいくつあるか。

A いずれも酸素を含有し，かつ，窒素も含有している。
B いずれも無機化合物である。
C いずれも化学的には，可燃物と酸素供給源とが共存している状態にある。
D いずれも酸化剤である。
E いずれも燃焼速度がきわめて速い。
F 硝酸エステル類は，水に溶けて強い酸性を示す。

(1) 1つ (2) 2つ (3) 3つ (4) 4つ (5) 5つ

【問題32】 蒸し暑い日に，屋内貯蔵所で貯蔵しているニトロセルロースの入った容器から出火した。調査の結果，容器のふたが完全に閉まっていなかったことが判明した。この出火原因に最も関係の深いものは，次のうちどれか。

(1) 空気中の酸素によって，酸化され発熱した。
(2) 加湿用のアルコールが蒸発したため，自然に分解して発熱した。
(3) 空気中の水分が混入したため，自然に分解して発熱した。
(4) 空気が入り，窒素の作用でニトロ化が進み，自然に分解して発熱した。
(5) あらかじめ封入されていた不活性気体が空気中に放散したため，自然に

分解して発熱した。

【問題33】　ジアゾジニトロフェノールの性状について，次のうち正しいものは
　どれか。
(1)　黒色の不定形粉末である。
(2)　塊状のものは，麻袋に詰めて打撃により粉砕する。
(3)　アセトンにはほとんど溶けない。
(4)　燃焼現象は爆ごうを起こしやすい。
(5)　光によって変色し，その度合いが著しい場合は爆発性も著しく大きくな
　る。

【問題34】　アジ化ナトリウムについて，次のうち誤っているものはどれか。
(1)　水に溶けるが，エタノールには溶けにくい。
(2)　水があると重金属と作用し，きわめて爆発しやすいアジ化物を生じる。
(3)　火災時には，熱分解により金属ナトリウムを生じる。
(4)　消火には，ハロゲン化物消火剤は適合しない。
(5)　消火の際は，大量の水によって冷却消火を行う。

【問題35】　次のうち，正しいものはいくつあるか。
A　アゾビスイソブチロニトリルを加熱すると，有毒なシアン化水素（青酸ガ
　ス）が発生するおそれがある。
B　硫酸ヒドロキシルアミンは，水によく溶けるが，アルコールやジエチルエ
　ーテルには溶けない。
C　硝酸グアニジンは，白色の結晶である。
D　硝酸グアニジンは，水やアルコール（エタノール）にも溶ける。
E　ヒドロキシルアミンの貯蔵容器は，ガラスやプラスチック製のものを用
　い，金属製のものは用いてはならない。
　(1)　1つ　　(2)　2つ　　(3)　3つ　　(4)　4つ　　(5)　5つ

第5類危険物の解答と解説

【問題26】 解答 (4)

解説 A 第1類の危険物は，一般に，**不燃性物質**で，加熱，衝撃，摩擦等により分解して**酸素**を放出するため，周囲の可燃物の燃焼を著しく促進するので，正しい。

B 第2類の危険物は，**可燃性の固体**であり，第1類危険物などの酸化剤と混合すると，打撃などにより爆発する危険があるので，正しい。

C 第4類の危険物は，ほとんどが**炭素と水素からなる化合物**（炭化水素）で，蒸気は空気より**重く低所に流れ**，火源があれば引火する危険性があるので，正しい。

D 第5類の危険物は，比重が1より大きいというのは正しいですが，可燃性の固体のみではなく，**可燃性の固体または液体**なので，誤りです。

E 正しい。

従って，正しいのは，A，B，C，Eの4つとなります。

【問題27】 解答 (3)

解説 (1) たとえば，**過酸化ベンゾイルやピクリン酸**などの固体の第5類危険物は，常温（20℃）で乾燥させるほど，危険性が**大きくなる**ので誤りです（水分で湿らせるなどして貯蔵する）。

(2) 一般的に，第5類危険物にこのような性状は当てはまらないので，誤りです。

(3) 分子内に可燃物と酸素供給源が共有しているので，燃焼や加熱分解が速く，正しい。

(4) P.135の化学式より，過酸化ベンゾイルや過酢酸などのように，窒素（N）を含有していないものや，また，アジ化ナトリウムのように，酸素（O）を含有していないものもあります。

(5) 第5類危険物は有機溶剤には溶けやすいですが，ほとんどのものは水に溶けにくいので，誤りです。

【問題28】 解答 (1)

解説 一般に，第5類危険物は水とは反応しないので，(1)の「水との接触」が火災発生の危険性が最も小さい，ということになります。

【問題29】 解答 (5)

解説 第５類危険物は自身に酸素を含有しているので，窒息消火は効果がなく，**大量の水**で冷却するか，あるいは，**泡消火剤**で消火をします。

なお，金属のアジ化物（アジ化ナトリウム）は，注水は不適で，**乾燥砂**等で覆って消火をします。

【問題30】 解答 (3)

解説 (1) 着火すると有毒な黒煙を生じて燃焼し，加熱すると分解して有毒な白煙を生じるので，正しい。

(3) 過酸化ベンゾイルは，無味無臭で臭気は特になく，また，油状の液体でもないので，誤りです。

【問題31】 解答 (3)

解説 A　いずれも酸素と窒素を含有しており，正しい。

B　いずれも**有機化合物**なので，誤りです。

C　いずれも**可燃物**と**酸素供給源**とが共存している第５類であり，正しい。

D　酸化剤は第１類と第６類危険物なので，誤りです。

E　Cにあるように，第５類危険物は可燃物と酸素供給源とが共存しており，燃焼速度はきわめて**速い**ので，正しい。

F　硝酸エステル類は，硝酸エチルが水にわずかに溶ける以外は，ほとんど水に溶けないので，誤りです。

従って，正しいのは，A，C，Eの３つということになります。

【問題32】 解答 (2)

解説 ニトロセルロースは分解しやすいので，日光の直射を避け，**水やアルコール，エーテル**などに湿潤させて，貯蔵する必要があります。

設問の場合，容器のふたが完全に閉まっていなかったことから，その加湿用のアルコールが蒸発したため，自然分解し，発熱した，と考えられるので，(2)が正解となります。

【問題33】 解答 (4)

解説 (1) ジアゾジニトロフェノールは，黒色ではなく，**黄色の不定形粉末**なので，誤りです。

(2) ジアゾジニトロフェノールに打撃などの衝撃を加えると，爆発する危険

性があります。

(3) ジアゾジニトロフェノールは，水にはほとんど溶けず，アセトンにはよく溶けるので，誤りです。

(4) ジアゾジニトロフェノールは，衝撃，摩擦等により容易に爆発し，爆ごう（急激な反応で，反応速度が音速を超え衝撃波を伴う爆発のこと）を起こしやすいので，正しい。

(5) 光によって褐色に変色しますが，その度合いが著しくなると，爆発性は小さくなるので，誤りです。

【問題34】 解答 (5)

解説 (1) アジ化ナトリウムは，水に溶けますがアルコール類には溶けにくいので，正しい。

(2) 水があると重金属と作用し，きわめて爆発しやすい**アジ化物**を生じます。なお，高温ではない状態の<u>アジ化ナトリウムが**水**と接触しても発火，爆発するおそれはない</u>ので，注意してください。

(3) 火災時には，熱分解により**金属ナトリウム**を生じるので，正しい。

なお，その金属ナトリウムに注水すると，可燃性ガスである水素と水酸化ナトリウムを生成するので，アジ化ナトリウムの火災に**水による消火は不適**であり，(5)の「大量の水によって冷却消火」が誤りとなります。

(4) アジ化ナトリウムの消火には，(3)で説明したように，注水は不適であり，また，ハロゲン化物消火剤，粉末消火剤，二酸化炭素消火剤なども不適なので，正しい。

【問題35】 解答 (5)

解説 この問題は，本文の問題では触れなかった物質のポイントのみを集めて問題にしたものです。たまに出題される可能性もあるので，このA～Eそのものを覚えておいてください（全て正しい）。

【問題26】 危険物の類ごとの一般的性状について，次のうち正しいものはどれか。

(1) 第1類の危険物は，いずれも酸素を含む自己燃焼性の物質である。

(2) 第2類の危険物は，いずれも着火または引火の危険性がある固体の物質である。

(3) 第3類の危険物は，いずれも自然発火性の物質で，酸素を含有している。

(4) 第4類の危険物は，いずれも静電気が蓄積しにくい電気の良導体である。

(5) 第5類の危険物は，いずれも比重は1より小さく，燃焼速度の速い固体の物質である。

【問題27】 第6類の危険物（ハロゲン間化合物を除く）にかかる火災の消火方法として，次のA〜Eのうち，一般に不適切とされているもののみを掲げているものはどれか。

A ハロゲン化物消火剤を放射する。

B 霧状の水を放射する。

C 乾燥砂で覆う。

D 霧状の強化液消火剤を放射する。

E 炭酸水素塩類を含む粉末消火剤を放射する。

(1) AとB (2) AとE (3) BとD

(4) CとD (5) CとE

【問題28】 過塩素酸を車両で運搬する場合の注意事項として，次のうち誤っているものはどれか。

(1) 容器が摩擦または動揺しないように固定する。

(2) 漏洩した時は，吸い取るために布やおがくずのような可燃性物質を使用してはならない

(3) 運搬時は，日光の直射を避けるため遮光性のもので被覆する。

(4) 容器の外部に，緊急時の対応を円滑にするため，「容器イエローカード」のラベルを貼る。

(5) 容器に収納する時は，運搬の振動によるスロッシング現象を防止するた

め，空間容積を設けないようにする。

【問題29】　第6類の危険物の性状に照らし，火災予防上最も注意すべきこと
は，次のうちどれか。
　(1)　可燃物と接触させない。
　(2)　換気をよくする。
　(3)　空気との接触を避ける。
　(4)　火気との接近を避ける。
　(5)　水との接触を避ける。

【問題30】　硝酸の漏えい事故に対する注意事項として，次のうち不適切なもの
はどれか。
　(1)　衣類，身体等に付着しないようにする。
　(2)　大量の乾燥砂で流出を防止する。
　(3)　発生する蒸気は，毒性が強いので吸い込まないようにする。
　(4)　付近にある可燃物と接触させないようにする。
　(5)　多量にこぼれた場合は，水酸化ナトリウムを投入して中和する。

【問題31】　第6類の危険物の性状について，次のうち正しいものはどれか。
　(1)　一般に比重は1より小さい。
　(2)　いずれも不燃性であり，火源があっても燃焼するものはない。
　(3)　いずれも加熱すると，酸素を発生する。
　(4)　いずれも無色，無臭の液体で，0℃では固化しているものがある。
　(5)　いずれも摩擦，衝撃により激しく燃焼する。

【問題32】　過塩素酸の性状等について，次のうち正しいものはどれか。
　(1)　化学反応性が極めて強く，ガラスや陶磁器なども腐食する。
　(2)　それ自身は，不燃性であるが，加熱すると爆発する。
　(3)　容器に収納する時は，運搬の振動によるスロッシング現象を防止するた
　　　め，空間容積を設けないようにする。
　(4)　強力な酸化剤であり，酸化性は塩素酸よりも強い。
　(5)　空気中で塩化水素を発生して，褐色に発煙する。

【問題33】 **硝酸の性状について，次のうち誤っているものはどれか。**

(1) 水より重く，また，水と任意の割合で混合し，その際の水溶液の比重は，硝酸の濃度が増加するにつれて大きくなる。

(2) 濃硝酸と濃塩酸を体積比 1 ： 3 で混合した溶液を王水といい，酸化力が強く，金や白金なども溶かす。

(3) 熱濃硝酸は，りんを酸化してりん酸を生じる。

(4) 濃硝酸は，金，白金を腐食する。

(5) 硝酸は水に溶ける際に発熱するが，可燃性ガスは発生しない。

【問題34】 **ハロゲン間化合物の性状について，次のうち正しいものはどれか。**

(1) 多数のふっ素原子を含むものほど，反応性に乏しい。

(2) 水と反応しない。

(3) 多くの金属と反応する。

(4) 爆発性がある。

(5) ハロゲン単体とは性質が全く異なる。

【問題35】 **過酸化水素の性状等について，次のうち正しいものはどれか。**

(1) 水より軽い無色の液体である。

(2) 熱や光により容易に水素と酸素とに分解する。

(3) 高濃度のものは引火性を有している。

(4) 水に溶けにくい。

(5) 分解を防止するため，通常種々の安定剤が加えられている。

第6類危険物の解答と解説

【問題26】 解答 (2)

解説 (1) 第1類の危険物は，酸素を含有していますが，自己燃焼性ではな **く酸化性の物質**なので，誤りです（⇒自己燃焼性は第5類危険物）。

(2) 第2類の危険物は，いずれも着火または引火の危険性がある**固体の物質**（⇒可燃性固体）なので，正しい。

(3) 第3類の危険物には，リチウムのように自然発火性のない物質もあるので，誤りです（酸素も含有していない）。

(4) 第4類の危険物のほとんどは，静電気が蓄積しやすい電気の不良導体なので，誤りです。

(5) 第5類の危険物の比重は1より**大きく**，また，燃焼速度は速いですが，固体のみではなく，**ニトログリセリン**や**硝酸エチル**などのように，**液体の**ものもあるので，誤りです。

【問題27】 解答 (2)

解説 第6類の危険物の火災には，一般に**水系の消火剤**を用いますが，「ハロゲン化物消火剤」「二酸化炭素消火剤」「粉末消火剤（炭酸水素塩類を含むもの）」は適応しないので，(2)のAとEが正解です。

【問題28】 解答 (5)

解説 (1) 正しい。

(2) 過塩素酸が漏洩した時は，**アルカリ液**を用いて中和し，おがくずやぼろ布などの可燃物を接触させると，発火する危険性があるので，正しい。

(3) 正しい。

(4) 正しい。なお，容器イエローカードとは，容器ラベルに国連番号や緊急時応急措置指針番号を記載することによって，輸送時の事故の際に運転者等が適切に対応できるよう，輸送時の安全を確保するために設けるものです。

(5) 容器の収納については，危険物の規制に関する規則の第43条の3に，「液体の危険物は，運搬容器の内容積の98パーセント以下の収納率であって，かつ，55℃の温度において漏れないように**十分な空間容積を有して**運搬容器に収納すること。ただし，収納する危険物の品名，収納の態様等を勘案して告示で定める場合にあっては，この限りでない。」となっています。

従って，「空間容積を設けないようにする」というのが，誤りになります。

【問題29】 解答 (1)

解説　(3)の「空気との接触を避ける」ですが，第6類は自然発火性ではないので，避ける必要はなく，不適切です。また，第6類の危険物は，自身は**不燃性**であり，単独では発火しないので，(4)の「火気との接近を避ける」は「最も注意すべきこと」には該当しません。

また，(5)の「水との接触を避ける」ですが，**過塩素酸**や**ハロゲン間化合物**のように水と激しく反応するものもありますが，すべてではないので，これも該当しません。

従って，第6類危険物は**強酸化剤**であり，可燃物と接触すると，発火あるいは爆発する危険性があるので，(1)が正解となります。

【問題30】 解答 (5)

解説　多量にこぼれた場合は，**土砂**などをかけたり，または，**水**で洗い流すか，あるいは，**ソーダ灰（炭酸ナトリウム）**や**消石灰（水酸化カルシウム）**を投入して中和させます。従って，水酸化ナトリウムではなく，**水酸化カルシウム**が正解です。

【問題31】 解答 (2)

解説　(1)　第6類危険物の比重は**1より大きい**ので，誤りです。

(3)　過酸化水素は，光や熱などで分解して酸素を発生しますが，その他のものは酸素を発生しないので，「いずれも」の部分が誤りです。なお，ハロゲン間化合物のように「**分子中に酸素を含まないもの**」もあるので注意してください。

(4)　いずれも無色ですが，無臭ではなく**刺激臭**のある液体です。なお，「0℃で固化しているもの」とは，融点が9℃の三ふっ化臭素などです。

(5)　第5類危険物のように，摩擦，衝撃のみでは燃焼や爆発はせず，有機物などと混合すると，発火，爆発する危険性があります。

【問題32】 解答 (2)

解説　(1)　過塩素酸は腐食性が強く，鉄や銅などを酸化させて**酸化物を生じる**ので金属製の容器は使用できませんが，ガラスや陶磁器などとは反応しないので，誤りです。

(2)　第6類危険物は**不燃性**であり，また，過塩素酸は加熱すると**爆発する**ので，正しい。

(3)　容器には，圧力上昇による膨張分を逃すための**十分な空間容積**を確保する必要があります（参考：スロッシング現象とは，液体を入れた容器が振動した場合に，液体の表面が大きくうねる現象のこと。）

(4)　過塩素酸は，強力な酸化剤ですが，酸化性は塩素酸よりは**やや弱い**ので，誤りです。

(5)　褐色ではなく，白色に発煙（**白煙**）するので，誤りです。

【問題33】　解答　(4)

解説　硝酸は水素よりイオン化傾向の小さな**銅**や**銀**とも反応して腐食させますが，さらにイオン化傾向の小さな（イオンになりにくい）**金**や**白金**などは腐食させることはありません（(1)の比重は要注意）。

【問題34】　解答　(3)

解説　(1)　多数のふっ素原子を含むものほど，反応性に富むので，誤りです。

(2)　水と激しく反応するものが多いので，誤りです。

(3)　ハロゲン間化合物は，ほとんどの**金属**や非金属と反応して**ふっ化物**（フッ素と他の元素や基との化合物のこと）をつくるので，正しい。

(4)　ハロゲン間化合物は不燃性であり，単独では発火，爆発はしません。

(5)　ハロゲン間化合物は，2種類のハロゲン元素からなる化合物の総称ですが，その性質は元のハロゲン単体と似た性質なので，誤りです。

【問題35】　解答　(5)

解説　(1)　過酸化水素の比重は1.44と**水より重い**ので，誤りです（⇒第6類危険物の比重は1より大きい）。

(2)　過酸化水素は熱や光により容易に分解しますが，水素と酸素ではなく**水と酸素**です。

(3)　50％以上の高濃度のものは，常温（20℃）でも(2)のように，水と酸素に分解しますが，引火性はないので，誤りです。

(4)　過酸化酸素はどんな割合でも**水に溶ける**弱酸性の液体なので，誤りです。

(5)　分解を防止するため，**りん酸**や**尿酸**などの安定剤が加えられています。

【問題】　危険物を貯蔵，取扱う際の注意事項として誤っているものはどれか。

A　アルミニウム粉は，水と反応して水素を発生するので，水分との接触を避ける。

B　五硫化りんは，湿気により加水分解しないよう，吸湿性のある亜硝酸ナトリウムとともに貯蔵する。

C　マグネシウムの粉末は，ハロゲンと接触すると発火するおそれがあるので，同一場所に貯蔵しない。

D　固形アルコールは，可燃性蒸気が漏えいしないよう，容器に入れ密封して貯蔵する。

E　赤りんは，空気中で発火するおそれがあるので，水中に貯蔵する。

(1)　A　　(2)　B　　(3)　B，E　　(4)　C　　(5)　C，D

解説　　B　亜硝酸ナトリウムは第1類の酸化剤なので，ともに貯蔵すると爆発するおそれがあります。

　　　E　赤りんは他の第2類同様，火気や加熱を避け，密栓して冷所に貯蔵します。

解答(3)

【問題】　五ふっ化よう素の性状について，次のうち誤っているものはどれか。

(1)　反応性に富み，金属，非金属と容易に反応してふっ化物をつくる。

(2)　強酸で腐食性が強いため，ガラス容器が適している。

(3)　他のハロゲン間化合物同様，常温（20℃）では，無色の液体である。

(4)　硫黄，赤りんなどと光を放って反応する。

(5)　水とは激しく反応してふっ化水素を生ずる。

解説　　ハロゲン間化合物はガラスをおかすので，ポリエチレン製などを使用します。

解答(2)

第6類危険物模擬テストの解答・解説

消防法別表第 1 （注：主な品名のみです）

類別	性質	品　名
第1類	酸化性固体	1．塩素酸塩類 2．過塩素酸塩類 3．無機過酸化物 4．亜塩素酸塩類 5．臭素酸塩類 6．硝酸塩類 7．よう素酸塩類 8．過マンガン酸塩類 9．重クロム酸塩類
第2類	可燃性固体	1．硫化りん 2．赤りん 3．硫黄 4．鉄粉 5．金属粉 6．マグネシウム
第3類	自然発火性物質及び禁水性物質	1．カリウム 2．ナトリウム 3．アルキルアルミニウム 4．アルキルリチウム 5．黄りん 6．アルカリ金属（カリウム及びナトリウムを除く）及びアルカリ土類金属 7．有機金属化合物（アルキルアルミニウム及びアルキルリチウムを除く） 8．金属の水素化物 9．金属のりん化物 10．カルシウム又はアルミニウムの炭化物
第5類	自己反応性物質	1．有機過酸化物 2．硝酸エステル類 3．ニトロ化合物 4．ニトロソ化合物 5．アゾ化合物 6．ジアゾ化合物 7．ヒドラジンの誘導体
第6類	酸化性液体	1．過塩素酸 2．過酸化水素 3．硝酸

索 引

著者略歴　工藤 政孝

　学生時代より，専門知識を得る手段として資格の取得に努め，その後，ビルトータルメンテの（株）大和にて電気主任技術者としての業務に就き，その後，土地家屋調査士事務所にて登記業務に就いた後，平成15年に資格教育研究所「大望」を設立（その後名称を *KAZUNO* に変更）。わかりやすい教材の開発，資格指導に取り組んでいる。

【主な取得資格】

　甲種危険物取扱者，第二種電気主任技術者，第一種電気工事士，一級電気工事施工管理技士，一級ボイラー技士，ボイラー整備士，第一種冷凍機械責任者，甲種第4類消防設備士，乙種第6類消防設備士，乙種第7類消防設備士，第一種衛生管理者，建築物環境衛生管理技術者，二級管工事施工管理技士，下水道管理技術認定，宅地建物取引主任者，土地家屋調査士，測量士，調理師など多数。

【主な著書】

わかりやすい！第一種衛生管理者試験
わかりやすい！第二種衛生管理者試験
わかりやすい！第4類消防設備士試験
わかりやすい！第6類消防設備士試験
わかりやすい！第7類消防設備士試験
本試験によく出る！第4類消防設備士問題集
本試験によく出る！第6類消防設備士問題集
本試験によく出る！第7類消防設備士問題集
これだけはマスター！第4類消防設備士試験　筆記＋鑑別編
これだけはマスター！第4類消防設備士試験　製図編
わかりやすい！甲種危険物取扱者試験
わかりやすい！乙種第4類危険物取扱者試験
わかりやすい！乙種（科目免除用）1・2・3・5・6類危険物取扱者試験
わかりやすい！丙種危険物取扱者試験
最速合格！乙種第4類危険物でるぞ〜問題集
最速合格！丙種危険物でるぞ〜問題集
本試験形式！乙種第4類危険物取扱者模擬テスト
本試験形式！丙種危険物取扱者模擬テスト

―わかりやすい！―

乙種1・2・3・5・6類危険物取扱者試験

著　　　者	工　藤　政　孝
印刷・製本	亜細亜印刷株式会社

発 行 所	株式会社 弘文社	〒546-0012 大阪市東住吉区 中野2丁目1番27号 ☎　　（06）6797―7441 FAX　（06）6702―4732 振替口座　00940―2―43630 東住吉郵便局私書箱1号
代 表 者	岡　﨑　　　靖	

解答カード（見本）

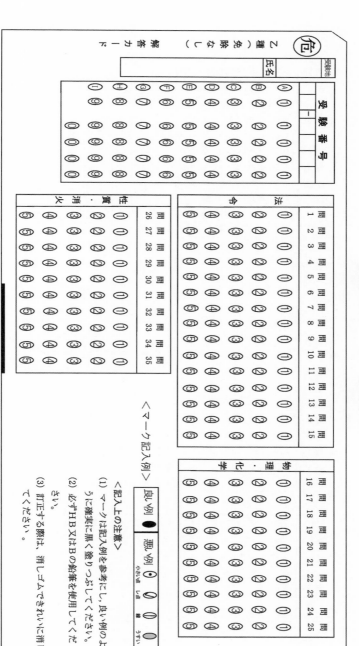

受験地　氏名

（危）

Ｚ種（免除なし）解答カード

受験番号	-			

受 験 番 号

（Ａ）（Ｂ）（Ｃ）（Ｄ）（Ｅ）（Ｆ）（Ｇ）（Ｈ）（Ｉ）
①①①①①①①①①
②②②②②②②②②
③③③③③③③③③
④④④④④④④④④
⑤⑤⑤⑤⑤⑤⑤⑤⑤
⑥⑥⑥⑥⑥⑥⑥⑥⑥
⑦⑦⑦⑦⑦⑦⑦⑦⑦
⑧⑧⑧⑧⑧⑧⑧⑧⑧
⑨⑨⑨⑨⑨⑨⑨⑨⑨
⓪⓪⓪⓪⓪⓪⓪⓪⓪

法令

問1	① ② ③ ④ ⑤
問2	① ② ③ ④ ⑤
問3	① ② ③ ④ ⑤
問4	① ② ③ ④ ⑤
問5	① ② ③ ④ ⑤
問6	① ② ③ ④ ⑤
問7	① ② ③ ④ ⑤
問8	① ② ③ ④ ⑤
問9	① ② ③ ④ ⑤
問10	① ② ③ ④ ⑤
問11	① ② ③ ④ ⑤
問12	① ② ③ ④ ⑤
問13	① ② ③ ④ ⑤
問14	① ② ③ ④ ⑤
問15	① ② ③ ④ ⑤

物理・化学

問16	① ② ③ ④ ⑤
問17	① ② ③ ④ ⑤
問18	① ② ③ ④ ⑤
問19	① ② ③ ④ ⑤
問20	① ② ③ ④ ⑤
問21	① ② ③ ④ ⑤
問22	① ② ③ ④ ⑤
問23	① ② ③ ④ ⑤
問24	① ② ③ ④ ⑤
問25	① ② ③ ④ ⑤

性質・消火

問26	① ② ③ ④ ⑤
問27	① ② ③ ④ ⑤
問28	① ② ③ ④ ⑤
問29	① ② ③ ④ ⑤
問30	① ② ③ ④ ⑤
問31	① ② ③ ④ ⑤
問32	① ② ③ ④ ⑤
問33	① ② ③ ④ ⑤
問34	① ② ③ ④ ⑤
問35	① ② ③ ④ ⑤

＜マーク記入例＞

良い例	悪い例			
●	◑	◖	▬	⬭
	小さい点	短い	線	うすい

＜記入上の注意＞

(1) マークは記入例を参考にし、良い例のように確実に黒く塗りつぶしてください。

(2) 必ずＨＢ又はＢの鉛筆を使用してください。

(3) 訂正する際は、消しゴムできれいに消してください。

（拡大コピーをして解答の際に使用して下さい）

‥‥‥ キリトリ線 ‥‥‥

解答カード（見本）

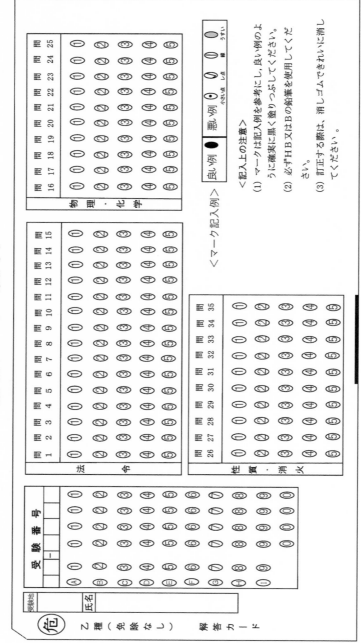

<マーク記入例＞

良い例 ●　悪い例 ⊙ ⊘ ⊖ ○
（小さい）（はみ出し）（線）（うすい）

<記入上の注意＞

(1) マークは記入例を参考にし、良い例のように確実に黒く塗りつぶしてください。

(2) 必ずHB又はBの鉛筆を使用してください。

(3) 訂正する際は、消しゴムできれいに消してください。